Photoshop CS6 中文版
入门与提高

主　编　马雪霞　丁朕琦　栾橙橙
副主编　王新蕊　李泊蓉　陈　燕

北京希望电子出版社
Beijing Hope Electronic Press
www.bhp.com.cn

内 容 简 介

本书全面而深入地讲解了 Photoshop，涵盖了从基础操作到高级技巧的各个方面。

本书共分为 10 章，包括 Photoshop 概述、Photoshop 基础操作、创建和编辑选区、颜色模式的应用和管理、Photoshop 绘图和修图工具、输入和编辑文字、调整图像颜色、图层和蒙版、绘制路径和形状以及应用滤镜。通过详细的步骤解析和丰富的实例演示，帮助读者快速掌握 Photoshop 的各项功能和应用技巧，提高图像处理的效率。无论是初学者还是有一定基础的用户，都能从本书中获得所需的知识和技能，进一步提升自己的设计水平和创作能力。

本书适用于本科院校和高等职业院校以及各类社会培训机构作为教材使用，也可以作为广大 Photoshop 爱好者的自学教材和参考书。本书配套资源包含素材图片。

图书在版编目（CIP）数据

Photoshop CS6 中文版入门与提高 / 马雪霞，丁朕琦，栾橙橙主编. -- 北京 ： 北京希望电子出版社，2024. 6.

ISBN 978-7-83002-565-6

Ⅰ. TP 391.413

中国国家版本馆 CIP 数据核字第 2024W5X910 号

出版：北京希望电子出版社

地址：北京市海淀区中关村大街 22 号

　　　中科大厦 A 座 10 层

邮编：100190

网址：www.bhp.com.cn

电话：010-82620818（总机）转发行部

　　　010-82626237（邮购）

经销：各地新华书店

封面：汉字风

编辑：周卓琳

校对：龙景楠

开本：787mm×1092mm　1/16

印张：19.25

字数：456 千字

印刷：北京市密东印刷有限公司

版次：2024 年 7 月 1 版 1 次印刷

定价：79.80 元

前　言

在数字时代，图像处理软件已成为生活的一部分。它们不仅改变了看待世界的方式，还提供了无限的创意空间。在众多图像处理软件中，Adobe Photoshop是具有代表性且功能强大的工具之一。Photoshop看似是一款复杂且难以掌握的软件，但只要掌握了正确的学习方法和技巧，就能轻松上手并享受其中的乐趣。本书能帮助读者更好地掌握这一软件，从基础到进阶，逐步探索Photoshop的无限可能。

本书首先介绍了Photoshop的基本概念和操作界面，让读者对这款软件有一个初步认识。接着，详细讲解了Photoshop的基础操作，包括文档管理、图像查看、选区创建与编辑、颜色模式应用和管理、绘图和修图工具的使用等。这些内容是Photoshop学习的基石，也是后续深入学习的基础。

在掌握了基础知识之后，进一步介绍了Photoshop的高级功能，如文字处理、图像颜色调整、图层和蒙版的应用、路径和形状的绘制以及滤镜的使用等。这些功能将帮助读者更好地处理图像，实现更加复杂和专业的设计效果。

本书在编写过程中特别注重理论与操作相结合，采用通俗易懂的语言和深入浅出的方式，对Photoshop的各项功能进行了详细解释和说明，使读者能够轻松理解并掌握相关知识。每个章节提供了大量的案例，帮助读者理解和掌握知识点，每个章节末尾还设置了思考与练习环节，让读者能够通过实际操作来巩固所学知识。为了更好地帮助读者理解和学习，用了大量的图片直观展示了Photoshop的操作界面和步骤。

虽然在写作时力求将准确的内容、实用的经验呈现给读者，但是由于知识、阅历和理解等方面的局限，不足之处在所难免，恳请广大读者批评指正。

编　　者
2024年6月

目 录

第1章 Photoshop 概述

>> **本章导读**

　　本章主要介绍中文版Photoshop的应用领域、操作界面（包括程序栏、菜单、工具箱、面板和面板组等），此外还介绍了和计算机图像处理有关的基础知识。通过本章的学习，读者可以对Photoshop和计算机图形图像处理有一个初步的认识。

>> **学习要点**

- Photoshop的应用领域
- Photoshop的操作界面
- Photoshop 的菜单
- 工具箱和工具选项栏
- Photoshop的面板
- 像素、位图、矢量图和分辨率

1.1 Photoshop简介

　　Photoshop是美国Adobe公司开发的位图形图像处理软件，在多年的发展历程中，始终以其强大的功能、梦幻般的效果征服了一批又一批用户。Photoshop已经成为全球专业设计人员最常用的图形图像设计软件。

1.1.1 Photoshop的应用领域

　　Photoshop不仅使日常设计工作变得更为高效轻松，还赋予了生活无限的创意与精彩。其影响力广泛渗透到与图像处理相关的领域，凭借其卓越的功能，完美实现了人们对于视觉创新的无限遐想与需求。在互联网上能够看到各种让人眼花缭乱的经由Photoshop 处理过的图片，令人目不暇接，如图1.1所示。

图1.1

Photoshop的应用领域极为广泛，无论是平面广告的制作、产品包装的设计、书籍封面的打造、摄影后期的精修，还是网页设计、游戏美术创作、软件界面构建等，都能够借助Photoshop的强大功能，为作品锦上添花。当然，这一切都建立在一个前提条件之上，那就是掌握足够的Photoshop技术。为了协助读者迅速定位到自己最感兴趣和渴望学习的领域，在此详细列举了Photoshop的各个重要应用领域。

1．平面广告设计

平面设计是Photoshop应用最广泛的领域之一。当环顾四周，会发现无论是引人注目的书籍封面设计，还是大街小巷随处可见的招贴画、海报等平面作品，之所以呈现出丰富多彩、极具视觉冲击力的图像效果，很大程度上是因为Photoshop的助力。该软件提供了强大的图像合成、处理和修饰功能，使得各种复杂的图形和色彩得以和谐地融合在一起，进而打造出令人赞叹的平面设计作品。图1.2所示就是使用Photoshop制作的平面广告设计作品。

图1.2

2．包装与封面设计

在设计初期，包装和封面的主要功能是保护产品。现在，它们还用于展示产品特性和美化，以促进销售。Photoshop在此领域起着重要的作用。图1.3所示就是使用Photoshop制作的包装和封面设计作品。

图1.3

3．影视制作设计

Photoshop被广泛应用于影视制作中，如用于设计电视栏目的关键帧或者影视作品的效果等。图1.4所示就是使用Photoshop制作的影视作品宣传画。

4．概念设计

所谓概念设计，就是对某一事物的造型、质感等方面重新进行定义，针对该事物形成一个的新标准。在产品设计的前期通常需要进行概念设计。除此之外，在许多电影及游戏中也都需要进行角色或者道具的概念设计。

图1.5所示就是汽车概念设计作品。

图1.4

图1.5

5．游戏美工设计

游戏美工设计是当前社会上比较热门的职业之一。游戏美工设计人员需要使用各种软件对游戏中的场景、角色、道具、武器等进行设计，在这些工作中使用最多的是Photoshop。

图1.6展示了使用Photoshop设计的角色与装备。

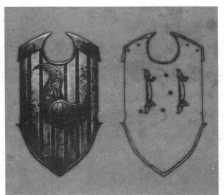

图1.6

6．照片修饰与艺术设计

随着数码设备的普及，人们对照片的要求也越来越高。不再满足于拍摄的乐趣，而是希望通过DIY照片来表达个性和创意。同时，各大影楼也需要通过这些技术美化和修饰照片，以满足客户需求。在追求唯美的数码婚纱照片设计中，Photoshop可以帮助设计师对照片进行各种处理，使得照片更加美观和吸引人。图1.7为原图像，图1.8为处理之后的图像效果。

 图1.7

图1.8

7. 网页效果图设计

　　网络的普及使更多人需要掌握Photoshop。因为在制作网页时，Photoshop是必不可少的图像处理软件。图1.9所示为使用Photoshop制作的各种网页效果。

图1.9

4

8．插画绘制

随着出版和商业设计行业逐渐细化，对于商业插画的需求呈现持续增长的趋势。这一变化促使了众多原本将绘画作为个人爱好的插画艺术家们有机会为出版社、杂志社以及商业设计公司提供专业的插画服务。图1.10所示为使用Photoshop完成的插画设计。

9．界面设计

随着计算机硬件设备性能的不断提升和人们审美观念的不断改变，以往古板而单调的操作界面早已无法满足人们的需求。对于网页、应用软件或者游戏而言，界面设计水平已经成为衡量其优秀与否的标准之一。在这个领域中，Photoshop也扮演着非常重要的角色。图1.11所示就是界面设计作品。

图1.10   图1.11

10．效果图后期处理

虽然大部分建筑效果都需要在3ds Max中制作，但其后期修饰则可通过Photoshop完成。图1.12所示为原室内效果图，图1.13所示为调整后的室内效果图。

图1.12   图1.13

11. 绘制或处理三维材质贴图

三维软件能够创建出精细的模型，但模型的真正逼真度还取决于材质贴图的质量。若无法为模型设置逼真的材质贴图，也就无法得到较好的渲染效果。为了达到高质量的渲染效果，除了依赖三维软件的功能外，掌握在Photoshop中制作材质贴图的技巧也是至关重要的。

图1.14呈现了一个室内效果图的线框模型，而图1.15则展示了对模型应用经过Photoshop处理的纹理图像，并加以渲染后的效果。在该效果中，磨砂玻璃和墙面的纹理效果都经过了Photoshop的精细处理。

图1.14　　　　　　　　　　　　　　　　　　图1.15

以上列举的是Photoshop常见的一些应用领域，但其使用范围远不止于此。能否物尽其用，完全依赖于使用者的掌握程度。

▶ 1.1.2　学习Photoshop的方法

Photoshop已经广泛普及并被大众所熟知。大多数使用计算机软件的用户都会尝试学习Photoshop，但许多初学者面临着如何更快、更有效地掌握Photoshop的问题。本文将针对这个问题进行探讨。

对于希望在图形设计、网页制作、三维视觉渲染、图片编辑与合成、婚礼摄影、商业插画创作、数码影像、印刷样张制作以及用户界面设计等领域取得进展的人来说，精通Photoshop是至关重要的。

同时，对于那些从事文秘、文案撰写、商业策划等工作的人来说，学习并应用Photoshop可以极大地提升工作成果的质量和视觉效果，但在掌握软件的深度方面，无需像上面所提到的几个领域那样深入。

可以看出，并不是每个人都需要学习Photoshop，并且学习深度也因人而异。例如，从事平面设计、网页设计等专业的人员应该更深入、全面地学习该软件；而那些从事文秘、文案撰写、商业策划等工作的人，则应重点学习图像处理和修饰方面的功能与技能，无需进行全面学习。

因此，在决定是否学习Photoshop之前，应该对自己的学习需求和职业发展有一个清晰的定位。

另外，许多初学者经常会询问学习Photoshop是否需要专业的美术基础。实际上，从目前学习Photoshop的群体来看，大多数人的美术基础并不扎实，因此对这一问题的解答对他们尤为重要。

为了更清楚地理解这个问题，需要准确地分析"美术基础"与"Photoshop用途"这两个概念。美术基础是一个广泛的概念，究竟达到何种程度才算具备美术基础呢？它与设计基础是否具有相同的内涵和外延？

如果不清楚这些问题，很难回答上述问题，然而可以简化这个问题，将有美术基础的人定义为那些有传统绘画（如素描、水彩、油画等）基础的人，而将具有设计基础的人定义为掌握了三大构成理论的人。

在大多数艺术和设计院校的教育中，学生在前两个学期主要学习绘画技巧和三大构成原理以及相关技能。在随后的学期中，学生们将重点接受设计创作的专业训练和实践。

可以说，如果使用Photoshop进行设计创作（如平面广告、包装、书封等），最好同时具备美术基础和设计基础；如果进行绘画创作（如插画绘制等），最好具备美术基础。而对于数码照片的修饰应用，对两种基础的要求相对较低。

考虑到Photoshop是一个强调创意的软件，要想掌握并灵活运用于各个领域，不仅需要扎实的基本操作技能，还需要独特的创意。

学习Photoshop可以按以下几个步骤进行。

1．打下坚实的基础

对于Photoshop而言，坚实的功底即娴熟的操作技术与技巧，是实现创意的基石。因此，学习的第一阶段是认真学习基础知识，打下坚实的基础，为以后的深入学习做准备。

2．模仿练习

模仿练习是学习任何技能的基本环节，就像人类从蹒跚学步逐渐过渡到稳健行走一样。

如果将学习Photoshop类比为学习书法，模仿的过程就是"描红"，在这个阶段需要进行大量练习。通过这些练习，不仅能够熟悉并掌握软件功能及命令的使用方法，而且还能够掌握许多通过练习才能掌握的操作技巧。

3．培养创作"感觉"

许多设计师注重培养所谓的"感觉"。尽管这个概念听起来似乎难以捉摸，但确实存在一些方法来提升它。其中一种方法就是通过欣赏不同类别的优秀作品来增强审美能力。

- 影视片头和广告：虽然影视片头与广告都是动态的，但说到底也是由一幅幅静止的画面组成的。因此，如果将影视片头与广告当成静止的画面来欣赏，并学习其表现手法及配色，也能够积累许多知识。
- Photoshop作品：观看优秀的作品对于提升设计技能非常关键。这种观赏不仅能够帮助我们吸收创新思维和视觉表达技巧，还能激发对软件功能的深入理解和灵活应用。
- 海报与招贴：许多海报与招贴是直接使用Photoshop制作而成的。因此，欣赏这些作品有助于掌握其创意思路，学习如何利用Photoshop来制作海报与招贴。
- 网页作品：在Photoshop除平面设计外的其他应用领域中，应用最广泛的莫过于网页设计。实际上，可以将静态网页看成是平面作品在网络中的延伸。互联网作为网页最大的载体，无疑提供了无穷无尽的资源。

通过欣赏这些作品，在仔细观察的基础上分析其美感的来源，并注意总结、积累及灵活地运用，就能够在较短的时间内提高自己的审美能力。当然，也可以去各种美术辅导班学习，从而得到更多收益。

4．实践并进行创意

有了前面三个阶段的积累与沉淀，再进行创意就会相对容易一些，但这仍然会是一个痛苦与彷徨并存的思索过程。然而正是这些痛苦与彷徨，个人的风格才会逐渐形成，个人的创意也会得到极大锤炼。

以上介绍的学习方法对于需要全面、深入学习Photoshop的人有着很好的参考意义，如果学习目的只是希望了解并掌握此软件的初级功能，则可以选择自己感兴趣的部分来学习，而不必完全依照上面介绍的学习方法与步骤。

1.2 了解Photoshop的操作界面

软件界面类似于一个产品的外包装，首先需要对它进行解读以了解产品的信息。虽然这个比喻不足以完全表明了解Photoshop界面对于掌握Photoshop的重要性，但也能够在一定程度上帮助各位读者感受到了解Photoshop界面所带来的好处。

运行Photoshop程序并打开一个图像文件后，将显示如图1.16所示的操作界面。

图1.16

通过图1.16可以看出，完整的操作界面由菜单栏、工具选项栏、工具箱、状态栏、面板和当前操作的图像窗口组成。如果打开了多个图像文件，可以通过单击选项卡式文件窗口右上方的展开按钮，在弹出的文件名称选择列表中选择要操作的文件，如图1.17所示。

> 按Ctrl+Tab组合键，可以在当前打开的所有图像文件中，从左向右依次进行切换；如果按Ctrl+Shift+Tab组合键，可以逆向切换这些图像文件。

图1.17

使用这种选项卡式文档窗口管理图像文件，方便用户进行如下各项操作，且能更加快捷、方便地对图像文件进行管理。

- 改变图像的顺序：在某图像文件的选项卡上按住鼠标左键，将其拖动至一个新的位置再释放，可以改变该图像文件在选项卡中的顺序。
- 取消图像文件的叠放状态：在某图像文件的选项卡上按住鼠标左键，将其从选项卡中拖出来，如图1.18所示，可以取消该图像文件的叠放状态，使其成为一个独立的窗口，如图1.19所示。再次单击图像文件的名称，将其拖回选项组，可以使其重回叠放状态。

图1.18

图1.19

▶ 1.2.1　菜单栏

Photoshop CS6的菜单栏中共有11类近百个菜单命令，如图1.20所示。利用菜单栏中的菜单命令，可以完成诸如"拷贝""粘贴"等基础操作，也可以完成诸如调整图像颜色、变换图像、修改选区、对齐分布链接图层、应用滤镜等较为复杂的操作。

| 文件(F) | 编辑(E) | 图像(I) | 图层(L) | 文字(Y) | 选择(S) | 滤镜(T) | 3D(D) | 视图(V) | 窗口(W) | 帮助(H) |

图1.20

使用时，只要将鼠标指针移至菜单名称上单击，或者按Alt键的同时在键盘上按菜单中带下画线的字母即可打开该菜单。例如将鼠标指针移至"图像"菜单上单击，或按Alt键的同时按I键即可打开"图像"菜单，如图1.21所示。

在这些子菜单命令中，有些命令呈灰色，表示未被激活，当前不能使用。有些命令后面有按键组合，表示按这些键便可执行相应的命令。有些命令后面有三角形箭头，表示其下面有子菜单，如图1.22所示。

图1.21

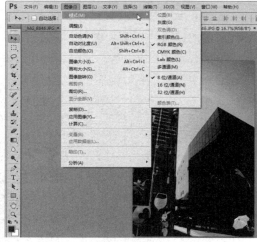
图1.22

Photoshop CS6 菜单栏中的菜单包括以下几个。

- "文件"菜单：主要用于对图像文档进行基本操作与管理，其中包括新建、打开、保存、导入、导出、自动及打印等命令。
- "编辑"菜单：主要用于进行一些基本的编辑操作，如撤销、重做、复制、粘贴、填充及自由变换等，它们都是图像编辑过程中常用的命令。
- "图像"菜单：主要用于对图像的操作，如调整图像和画布的尺寸、分析和修改图像的色彩、图像模式的转换等。
- "图层"菜单：主要用于对图层的创建和删除，以及添加图层样式、蒙版等操作。
- "选择"菜单：主要用于选取图像区域，对选择的区域进行编辑。
- "滤镜"菜单：该菜单包含了众多的滤镜命令，可对图像或图像的某个部分进行模糊、渲染、素描等特殊效果的制作。
- "分析"菜单：主要用于对图像进行全面分析，如为图像指定一个测量比例，并用准确的比例单位测量长度、面积、周长、密度或其他值。在测量记录中记录结果，并将测量数据导出到电子表格或数据库。

- "3D"菜单：主要用于创建3D模型、3D明信片和3D网格等三维物体。其中3D模型包括圆环、球面、帽子、立方体、圆柱体、易拉罐或酒瓶等3D物体。
- "视图"菜单：主要用于对Photoshop的编辑屏幕进行设置，如改变文档视图的大小、缩小或放大图像的显示比例、显示或隐藏标尺和网格等。
- "窗口"菜单：主要用于设置编辑窗口，如切换文档、隐藏和显示Photoshop的各种面板等。
- "帮助"菜单：包括丰富的帮助信息，以及产品注册、Photoshop联机等信息。

▶ 1.2.2 快捷菜单

除了主菜单外，Photoshop还提供了快捷菜单，以方便快速地使用软件。单击鼠标右键即可打开相应的快捷菜单，对于不同的图像编辑状态，系统所打开的快捷菜单是不同的。例如，当选择"移动工具"在图像窗口中单击鼠标右键时，系统将会自动打开如图1.23所示的快捷菜单；当选择"矩形选框工具"后，在图像窗口中单击鼠标右键，则弹出如图1.24所示的的快捷菜单。

图1.23

图1.24

▶ 1.2.3 工具箱

Photoshop工具箱中有上百种工具可供选择，使用这些工具可以完成绘制、编辑、观察、测量等操作。

将Photoshop功能以小图标的形式汇集在一起，就形成了工具箱，其中比较形象的如"画笔工具""橡皮擦工具""横排文字工具""缩放工具"，一看图标就能知道工具的功能。单击工具箱顶部的双箭头按钮可以切换单栏和双栏显示，如图1.25所示。

在工具箱中可以看到，部分工具图标的右下角有个小三角，表示该工具组中还有隐藏的工具未显示。直接在该图标上单击鼠标右键，即可调出该工具组的工具列表，此时从中选择需要的工具即可。例如，"标尺工具"隐藏在"吸管工具"组中。要使用该工具，可以先单击"吸管工具",按住鼠标左键使之出现隐藏工具列表,然后从列表中选择"标尺工具",如图1.26所示。

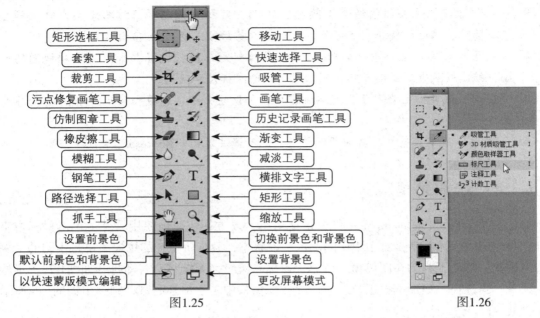

图1.25　　　　　　　　　　　　　图1.26

Photoshop CS6工具箱中的其他隐藏工具如图1.27所示。另外,若要按照软件默认的顺序来切换某工具组中的工具,可以按住Alt键,然后单击该工具组中的图标。

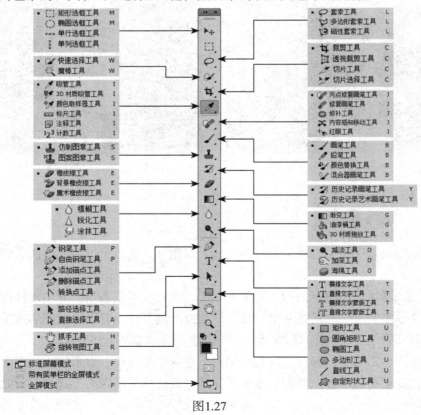

图1.27

▶ 1.2.4   使用面板和面板组

在Photoshop中，按Tab键可以隐藏工具箱及所有已显示的面板，再次按Tab键可以全部显示。如果仅隐藏所有面板，则可按Shift+Tab组合键。同样，再次按Shift+Tab组合键可以全部显示。

与工具箱一样，面板同样也可以进行伸缩，这一功能极大增强了界面操作的灵活性。

对于最右侧已展开的一栏面板，单击其顶部的伸缩栏，可以将其收缩成为图标状态，如图1.28所示。反之，如果单击未展开的伸缩栏，则可以将该栏中的面板全部展开，如图1.29所示。

图1.28

图1.29

如果要切换至某个面板，可以直接单击其标签名称；如果要隐藏某个已经显示出来的面板，则可以双击其标签名称。

展开所有的面板后可以看出，虽然右侧罗列了多个面板，但却被很规则地分为两栏，这也是Photoshop默认情况下的面板栏数量。当然，如果有需要，也可以再增加更多面板栏。

无论是展开或未展开的面板栏，都可以对其宽度进行调整。方法就是将鼠标指针置于某个面板伸缩栏左侧的边缘位置上，此时鼠标指针变为双向箭头形状，如图1.30所示。

向左侧拖动，即可增加本栏面板的宽度，如图1.31所示，反之则减少宽度。

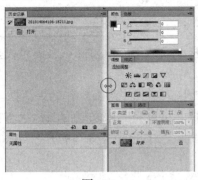 

图1.30 图1.31

受面板装载内容的限制，每个面板都有其最小的宽度设定值，当面板栏中的某个面板已经达到最小宽度值时，该栏宽度将无法再减少。

当要单独拆分出一个面板时，可以选中对应的图标或标签并按住鼠标左键，然后将其拖至工作区中的空白位置，如图1.32所示。图1.33所示为被单独拆分出来的面板。

图1.32

图1.33

　　组合面板可以将两个或多个面板合并到一个面板中，当需要调用其中某个面板时，只需单击其标签名称即可，否则，如果每个面板都单独占用一个窗口，用于进行图像操作的空间就会极大减少，甚至会影响正常工作。

　　要组合面板，可以拖动位于外部的面板标签至想要的位置，直至该位置出现蓝色反光时（如图1.34所示），释放鼠标左键，即可完成面板的拼合操作，如图1.35所示。

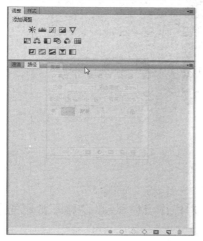

图1.34　　　　　　　　　　　　　　　　　　　　图1.35

　　通过组合面板的操作，可以将软件的操作界面布置成自己习惯或喜爱的状态，从而提高工作效率。

　　除了Photoshop默认的面板外，也可以根据需要增加更多栏，操作时可拖动一个面板至原有面板栏的最左侧或最上端边缘位置，其边缘会出现灰蓝相间的高光显示条，如图1.36所示。释放鼠标即可创建一个新的面板栏，如图1.37所示。

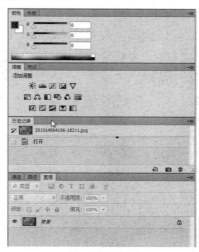

图1.36　　　　　　　　　　　　　　　　　　　　图1.37

　　每一个面板除了窗口中显示的参数选项外，单击其右上角的选项菜单按钮，即可弹出面板的命令菜单，如图1.38所示。

　　利用这些命令，可增强面板的功能。

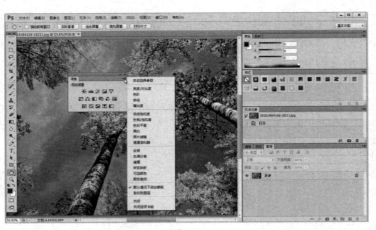

图1.38

▶ 1.2.5 自定义菜单命令

Photoshop有显示/隐藏菜单命令的功能，可以根据操作习惯显示/ 隐藏不常用的应用程序菜单或者面板菜单中的命令。

显示/隐藏菜单的具体操作步骤如下所述。

01 执行"编辑"→"菜单"命令或者按Alt+Shift+Ctrl+M组合键，弹出"键盘快捷键和菜单"对话框，如图1.39所示。

02 单击"组"右侧的按钮，在弹出的下拉列表中选择一种工作类型。例如，如果在此选择"CS6新增功能"选项，则可以在其基础上再对菜单命令进行显示或者隐藏方面的设置操作。

03 在"菜单类型"下拉列表中，可以选择要显示或者隐藏的菜单命令所在的菜单类型。例如，可以选择"应用程序菜单"选项，对应用程序菜单中的命令进行显示或者隐藏操作；也可以选择"面板菜单"选项，对面板菜单中的命令进行显示或者隐藏操作。此处选择了"应用程序菜单"选项。

04 单击"应用程序菜单"栏下方命令左侧的按钮，展开显示菜单命令，如图1.40所示。

图1.39

图1.40

05 单击"可见性"栏下方的图标，即可显示或者隐藏该菜单命令。在此可以按照图1.41所示隐藏"在Bridge中浏览"和"在Mini Bridge中浏览"这两个命令，隐藏命令前后的菜单显示如图1.42所示。

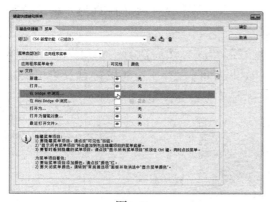

图1.41

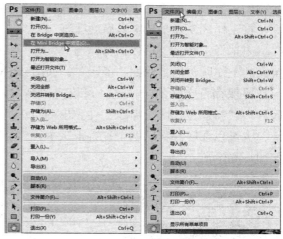

图1.42

从中可以看出，使用此功能可以极大简化菜单命令，使菜单按照习惯进行显示。

突出显示菜单命令也是Photoshop的优秀功能之一。使用此功能能够指定菜单命令的显示颜色，以方便辨认不同的菜单命令，这对初学者（即不熟悉菜单内容的用户）来说是非常实用的。

突出显示菜单命令的操作与显示/隐藏菜单命令的操作基本相同，只是在执行步骤5的操作时，需要在"键盘快捷键和菜单"对话框中要突出显示的命令右侧单击"无"或者颜色名称，在颜色下拉菜单中选择需要的颜色。

图1.43所示为突出显示菜单命令时的对话框设置。图1.44所示为按此设置突出显示的菜单命令。

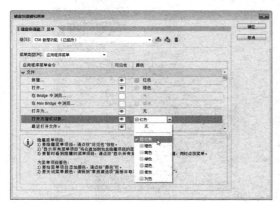

图1.43

图1.44

▶ 1.2.6 选择工作区

在Photoshop中，不同用户可以按照其使用习惯选择和布置工作区域，并将其保存为自定义的工作界面，如果在工作一段时间后工作区变得很零乱，可以选择调用自定义工作区的命令，将工作区恢复至自定义后的状态。

要选择工作区，可以执行"窗口"→"工作区"命令，然后从子菜单中选择一种系统预定义的工作区布局，例如"摄影"，如图1.45所示。

要保存自定义的工作区，可以先按照喜好布置好工作区，然后执行"窗口"→"工作区"→"新建工作区"命令，在弹出的对话框中，如果要同时保存所设置的键盘及菜单快捷键，也可以在底部将这两个复选框选中，然后输入自定义的名称，单击"存储"按钮即可，如图1.46所示。

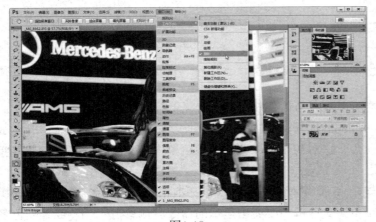

图1.45 图1.46

需要注意的是，在当前工作区下，所有的界面改动都会被Photoshop自动记录下来，比如在刚刚保存的"简洁工作区布局"工作区中改变了界面的布局后，每次切换至该工作区时，仍然是最后一次改动的状态，此时要恢复到之前保存"简洁工作区布局"时的状态，可以执行"窗口"→"工作区"→"复位简洁工作区布局"命令，如图1.47所示。

图1.47

1.3 图像处理的基本概念

位图图像和矢量图形是计算机图形图像的两种主要形式，理解两者之间的区别对深入掌握图形图像类的软件，尤其是对深入学习和灵活使用Photoshop非常有帮助。

▶ 1.3.1 关于位图和像素

位图图像也叫栅格图像，是因为位图图像用像素来表现图像，在放大到一定程度时，此类图像表现出明显的栅格化现象。大量不同位置和颜色值的像素构成了完整的图像，此类图像在放大观察时，都能够看到清晰的方格形像素。例如，在Photoshop中打开某幅图像之后，通过放大"导航器"面板中的显示比例，可以清楚地看到位图的像素栅格，如图1.48所示。

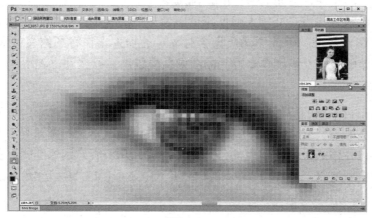

图1.48

使用任何一种选择工具创建选择区域时，都应该理解其选择的形状实际上是由细小的方格构成的，如图1.49所示。

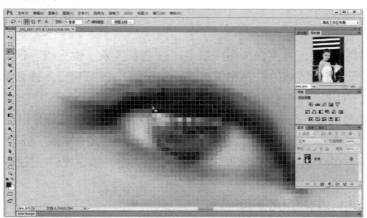

图1.49

位图图像的不足之处在于每一幅图像包含固定的像素信息，因此无法通过处理得到更多细节，而要得到的图像品质越高，文件就越大，一部优秀的作品其文件大小高达数百兆也是常见的。

▶ 1.3.2　常见位图图像的文件格式

位图文件的常见格式很多，下面简单介绍几种。

1．PSD格式

PSD格式不仅是Photoshop默认的文件格式，也是一种支持所有图像模式（包括位图、灰度、双色调、索引颜色、RGB、CMYK、Lab 和多通道等）的文件格式。

PSD格式的图像文件可以保存图像中的参考线、Alpha通道和图层，从而为再次调整、修改图像提供了可能性。

2．JPEG格式

JPEG格式是最常用的图像文件格式之一。此种格式支持CMYK、RGB和灰度颜色模式，也可以保存图像中的路径，但无法保存Alpha通道。

该文件格式的最大优点是能够大幅度降低图像文件的大小，但降低图像文件大小的途径是有选择地删除图像数据，因此图像质量会有一定的损失。在将图像文件保存为JPEG格式时，可以选择压缩的级别，级别越高得到的图像品质越低，但文件也越小。

3．TIFF格式

TIFF格式用于在不同的应用程序和计算机平台之间交换图像文件。即以该文件格式保存的图像文件可以在PC、MAC等不同的操作平台上打开，而且不会存在差异。

除此之外，TIFF格式是一种通用的位图文件格式，几乎所有图像编辑和页面设计应用程序均支持。此种格式支持具有Alpha通道的CMYK、RGB、Lab、索引颜色和灰度图像以及无Alpha通道的位图模式图像。

TIFF文件格式能够保存通道、图层、路径等。从这一点来看，该文件格式似乎与PSD格式没有什么区别。但实际上如果在其他应用程序中打开该文件格式所保存的图像时，则所有图层将被拼合。也就是说，只有使用Photoshop打开此类文件格式，才能修改其中的图层。

4．GIF格式

GIF格式是使用8位颜色并在保留图像细节（如艺术线条、徽标或者带文字的插图等）的同时有效地压缩图像实色区域的一种文件格式。由于GIF文件只有256种颜色，因此将原24位图像优化成为8位的GIF文件时会导致颜色信息的丢失。

该文件格式的最大特点是能够创建具有动画效果的图像。在Flash尚未出现之前，GIF格式是互联网上动画文件的标准文件格式，即所有动画文件均保存为GIF格式。此外，GIF格式还支持透明背景，如果需要在设置网页时使图像较好地与背景融合，则需要将图像保存为此种格式。

▶ 1.3.3　矢量图形的特点

矢量图形是另一类图像的表现形式，是以数学公式的方式来记录图形的，因此在缩放时没有失真现象，而且文件较小。

图1.50中左图所示为100%显示状态下的矢量图形，右图为放大至1200%时的效果，从

中可以看出构成图形的线条仍然非常光滑。

　　矢量图形的优点与分辨率无关，可以根据需要进行缩放，不会遗漏任何细节或降低其清晰度。

　　矢量图形常用于表现具有大面积色块的插画或LOGO，如图1.51所示。

图1.50

图1.51

　　在Photoshop中，使用"钢笔工具"及"形状工具"绘制的路径属于矢量图形的范畴。

▶ 1.3.4　常用矢量图形的文件格式

　　在平面设计中经常接触到的矢量图文件格式有以下两种。

1．EPS格式

　　EPS格式可以同时包含矢量图和位图，并且几乎所有图形、图表和页面设计程序都支持该文件格式。EPS格式用来在应用程序之间传递PostScript语言所编译的图片，当在Photoshop中打开包含矢量图的EPS文件时，Photoshop将矢量图转换为位图。

　　EPS格式支持Lab、CMYK、RGB、索引颜色、双色调、灰度和位图颜色模式，但无法保存Alpha通道。

2．AI格式

　　AI格式是Illustrator软件默认的文件格式，是一种标准的矢量图文件格式，用于保存使用Illustrator软件绘制的矢量路径信息。

　　在Photoshop中打开使用AI格式保存的文件时，Photoshop可以将其转换为智能对象，以避免矢量图文件中的矢量信息被栅格化。

▶ 1.3.5　矢量图形和位图图像之间的关系

　　位图与矢量图虽然在概念上完全不同，但在软件使用过程中并没有严格的界限。目前使用的软件基本都扮演着一专多能的角色，即图像处理软件也包含了一定的图形绘制功能，而矢量绘图软件也包含了一定的图像处理功能。

　　总的来说，矢量图形更适合于表现大色块的对象，例如公司徽标、装饰图形等，而位图图像则适合于表现具有丰富细节的对象，例如人物肖像等。使用Photoshop可以将矢量图形轻松转换为位图图像，但是在转换之后将会失去其不失真的特点。例如，原来的矢量图形在Photoshop中转换为位图图像后，也出现了明显的栅格化现象，如图1.52所示。

　　位图图像也可以转换为矢量图形。而要实现这种转换，可以使用相关转换软件。图1.53所示就是将位图图像转换为矢量图形的效果。

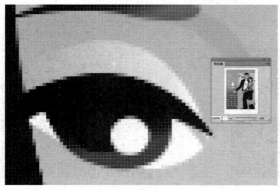 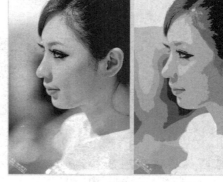

图1.52　　　　　　　　　　　　　　　　　图1.53

　　由于人像细节较为丰富，所以可能不太适合做这种转换，但是，如果只需要取得人像的大致外形而不考虑细节的话，那么执行这种转换还是很方便快捷的。

▶ 1.3.6　了解图像分辨率

　　"图像分辨率"是指单位长度中所表达或者采取的像素数目，通常用dpi（像素／英寸）来表示。

　　高分辨率的图像比相同打印尺寸的低分辨率图像包含的像素要多，因而图像显得较细腻。图1.54显示了物理尺寸相同，但分辨率分别为72dpi（左图）和300dpi（右图）的同一幅图像。通过比较可以看出，分辨率为300dpi的图像更细腻，基本看不到分辨率为72dpi的图像所显示出来的锯齿与虚边。

图 1.54

对于图像设计而言，理解分辨率的概念非常重要。不同的设计种类需要使用大小不同的分辨率，因此在设计中必须适当把握分辨率的大小。在输出图像时使用过低的分辨率会导致图像显示出粗糙的像素效果，而使用太高的分辨率会增加文件的大小，并降低图像的输出速度。

要确定图像的分辨率，首先必须考虑图像的最终用途。例如，对于只在屏幕上观看的图像，只需要满足屏幕显示的分辨率即可，通常设为72 dpi或者96 dpi。

▶ 1.3.7 常见的分辨率种类

分辨率并不是Photoshop独有的概念，常见的分辨率还包括打印机分辨率、印刷分辨率、屏幕分辨率、扫描仪分辨率、数码相机分辨率等，下面逐一进行介绍。

1．图像分辨率与打印机分辨率

图像分辨率不会影响屏幕显示的质量，但会影响打印出来的图像品质。在制作过程中，它的大小可以通过Photoshop、Illustrator等图像处理软件来改变。

例如，有一幅图像的分辨率为100 dpi、大小为1800像素×1000像素，这表示打印时每英寸（inch）图像要用100个点（dot）来表现，所以打印出来的图像尺寸大约是18"×10"大小。

如果通过图像处理软件把它的分辨率提高到200 dpi，但物理尺寸不变，这时打印图像，每英寸（inch）图像用200个点（dot）来表现，所以打印出来的图像物理尺寸只有9"×5"大小，是原来尺寸的1/4，但由于打印时单位面积的墨点数目提高了，打印出来的图像也更加细腻。

从打印设备的角度而言，图像的分辨率越高，打印出来的图像也就越细致。有时会听到这样的说法，图像的分辨率越高，表示它的成像品质越好，这是很片面的。图像的品质主要取决于输入阶段，而打印的分辨率不能起到改变图像本身品质的作用。严格地说，提高图像分辨率，影响的是打印的品质及输出大小，关于这一点在下面一节中将会有更加详细地介绍。

2．印刷分辨率

在印刷时往往使用线屏（lpi）而不是分辨率来定义印刷的精度，在数量上线屏是分辨率的两倍。了解这一点有助于在知道图像的最终用途后，确定图像在扫描或者制作时的分辨率数值。

例如，如果一个出版物以线屏175进行印刷，则意味着出版物中的图像分辨率应该是350 dpi。在扫描或者制作图像时应该将分辨率定为350 dpi或者更高一些。

下面列举一些常见印刷品中的图像应该使用的分辨率。

报纸印刷所用线屏为85 lpi，因此报纸印刷采用的图像分辨率就应该是125～170 dpi。

杂志/宣传品通常以133 lpi或者150 lpi线屏进行印刷，因此杂志/宣传品印刷采用的图像分辨率为300dpi。

大多数精美的书籍在印刷时用175～200 lpi线屏印刷，因此高品质书籍印刷采用的图像分辨率为350～400 dpi。

对于远观的大幅面图像（如海报等），由于观看的距离非常远，可以采用较低的图像分辨率（如72～100 dpi等）。

3．屏幕分辨率

屏幕分辨率就是计算机系统桌面的大小，常见的设定有640像素×480像素、800像素×600像素、1024像素×768像素、1280像素×960像素、1440像素×900像素等。以19"的屏幕为例，如果图像呈现在屏幕上的尺寸是800像素×600像素，由于特定屏幕的显示尺寸是固定的，所以，如果将屏幕的分辨率由800像素×600像素调整成1280像素×1024像素，则19"的屏幕中单位面积的像素点增加了，原来的图像看起来细腻了很多，但尺寸则缩小为不到桌面的40%。

4．扫描仪分辨率

扫描仪分辨率标定了扫描仪辨识图像细节的能力，1200dpi分辨率的扫描仪可以在每英寸内清楚地分辨出1200个像素。

扫描仪的分辨率有光学分辨率和软件分辨率之分。其中，软件分辨率使用的是数学上的外插运算法以放大既有的扫描影像，实际上对提升图像品质的影响并不大。

光学分辨率才是扫描仪真正的扫描能力。扫描仪的分辨率根据扫描文件的不同可以有所调整。例如，扫描印刷品时可以设定为600dpi，然后再进行去网点、缩小尺寸等处理；扫描照片时可以设定为300dpi，然后再进行调整、缩小尺寸等处理。

扫描正片时，如果光学分辨率足够高，可以将其设置在1200dpi以上。

扫描时原稿的质量也是影响图像清晰度的一个很重要因素。如果原稿的品质很高，扫描仪的光学分辨率也较高，则可以得到较好的图像效果。

相反，使用粗糙模糊的原稿，即使提高扫描分辨率也不会得到满意的效果。

5．数码相机分辨率

数码相机有两个分辨率数值：一个是感光组件的分辨率；另一个是未经插值时成像的分辨率。未经插值时成像的分辨率决定了最终得到的数码图像的清晰度与打印尺寸。

例如，如果一个相机未经插值时成像的分辨率是2000×1600 dpi，那么其总的像素量是2000×1600＝320万dpi。如果是以100dpi的分辨率打印图像，则可以打印出20"×16"的成品；如果是以200 dpi的分辨率打印，则可以打印出10"×8"的成品。

其计算方法分别如下所列。

宽：2000 px/ 200 dpi=10"。

高：1600 px/ 200 dpi=8"。

6．平面设计中无需设定分辨率的情况

许多初学者有这样的疑惑，为什么在Photoshop中处理的图像要根据其用途来设定分辨率，而使用排版软件在创建新文件时无需设定分辨率。

实际上，这个问题已经能够在本章前面的内容中找到答案了。这是由于排版软件对文字、图形的表现是通过数字公式来完成的。这些对象在输出时与分辨率无关，只与输出的设备有关，理论上能够达到输出设备的最高分辨率，因此输出设备的分辨率高，则制作页面的输出效果就好，反之则较差。

排版软件中使用的图像，由于输出时要读取原图的像素点阵信息，因此，其输出与原图的分辨率有关。

1.4 思考与练习

1．填空题

（1）要隐藏工具栏和控制面板，可以按_____键；要隐藏控制面板但不隐藏工具箱，可以按_____键。

（2）按住_____键，再单击工具箱中的工具图标，多次单击可在隐含和非隐含的工具之间循环切换。

（3）常见图像的文件格式有_____、_____、_____、_____、_____等。其中Photoshop的专用格式是_____。

2．问答题

（1）什么是矢量图？什么是位图？两者各有何优缺点？

（2）什么是分辨率？分辨率与图像的品质有何关系？

（3）要将工作区布局恢复至默认状态，应该如何操作？

3．上机练习

（1）浏览Photoshop的操作界面，对照本书，熟练掌握各组成部分的主要功能。

（2）将鼠标指针指向工具箱的各个按钮图标上，查看各个工具的名称和快捷键。

（3）打开一幅图像，在工具箱中单击各工具按钮，然后在图像窗口中单击鼠标右键，看一看打开的快捷菜单是否相同，或者看看工具栏中都有哪些参数选项设置。

第❷章　Photoshop基础操作

≫ 本章导读

　　本章主要介绍中文版Photoshop的各种基本操作，包括新建、保存、打开和关闭文件，导入和导出图像，查看图像，修改图像的尺寸和分辨率，裁剪和旋转图像，使用Photoshop辅助工具等。

≫ 学习要点

● 文档的基本操作
● 图像的基本操作
● 查看图像
● 辅助工具的应用

2.1　Photoshop文档的基本操作

　　在Photoshop中对图像进行各种编辑操作，首先应新建一个空白的图像或者打开已有的图像，然后再进行编辑。而当完成一个图像的创作时，需要将其保存，以便进行编辑或者使用。下面分别介绍文件的打开、新建以及存储的具体操作方法。

▶ 2.1.1　新建文件

　　在Photoshop中新建文件的具体操作步骤如下所述。

　　01 执行 "文件" → "新建" 命令，或按Ctrl+N组合键直接打开 "新建" 对话框，如图2.1所示。

　　02 在 "名称" 文本框中输入新建文档的名称。

　　03 选择和设置以下项目。

● 预设：在此下拉列表中已经预设好了创建文件的常用尺寸，以方便用户操作。

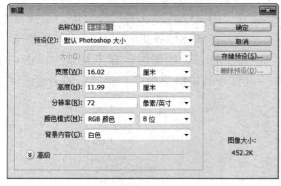

图2.1

● 宽度/高度：在此输入新文件所需的宽度/高度，并在其后面的下拉列表中为宽度尺寸选择单位。

● 分辨率：根据新文件图像的用途设置合适的分辨率值，并选择合适的单位。通常情况下，计算机屏幕显示用72 dpi，报纸类纸质品印刷用125 dpi，精细印刷品用300 dpi。

● 颜色模式：在此下拉列表中选择新文件的颜色模式，其中有RGB、CMYK和灰度。通常情况下，用于计算机观看选择RGB模式，用于印刷选择CMYK模式，特殊情况用灰度模式。

● 背景内容：即新文件画布的颜色。默认为白色，也可以在下拉列表中选择另外的颜色。

 如果在新建文件之前曾执行"拷贝"命令，则对话框中的宽度及高度数值自动匹配所复制图像的高度与宽度尺寸。如果执行"拷贝"命令而又不希望此对话框自动匹配所复制图像的高度与宽度尺寸，可以在执行"文件"→"新建"命令时按住Alt键，此时Photoshop将自动使用上一次创建新图像文件时使用的图像文件尺寸。

04 设置完成后单击"确定"按钮。

▶ 2.1.2 保存预设

如果希望在创建新图像时不再一次次设置图像的尺寸，可以使用"新建"对话框的存储预设功能，其操作步骤如下所述。

01 在"新建"对话框中，根据需要设置所要创建的图像的尺寸或者分辨率。

02 单击"存储预设"按钮，以便保留该项预设，如图2.2所示。

03 在弹出的如图2.3所示的对话框中进行设置，并选择预设中要保存的项目，然后单击"确定"按钮。

图2.2

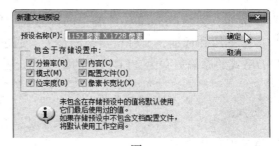

图2.3

04 现在就可以在"新建"对话框的"预设"下拉列表中选择所定义的图像预设，如图2.4所示。

 保存预设方便批量创建相同尺寸的图像。

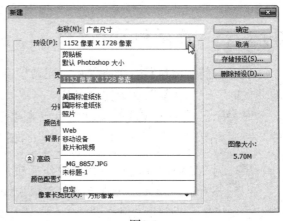

图2.4

Chapter 02

▶ 2.1.3　保存文件

　　要保存当前操作的文件，可以执行"文件"→"存储"命令，弹出如图2.5所示的"存储为"对话框。

　　只有当前操作的文件具有通道、图层、路径、专色、注释，并且在"格式"下拉列表中选择支持保存这些信息的文件格式时，对话框中的"Alpha通道""图层""注解""专色"选项才会被激活，用户可以根据需要选择是否需保存这些信息。

图2.5

　　🔖提示　用户应注意养成随时保存文件的好习惯，虽为举手之劳，但在很多时候可能挽回不必要的损失，快速保存操作的组合键是Ctrl+S。

▶ 2.1.4　另存文件

　　若要将当前操作文件以不同的格式、不同名称、不同存储"路径"再保存一份，可以执行"文件"→"存储为"命令，在弹出的"存储为"对话框中根据需要更改选项并保存。

　　例如，要将Photoshop中制作的产品宣传册通过电子邮件发送给客户，因其结构复杂、有多个图层和通道，文件所占空间很大，通过电子邮件很可能传送不过去，此时，就可以将PSD格式的原稿另存为JPEG格式的副本，让客户能及时又准确地看到宣传册的效果。

　　🔖提示　初学者在直接打开图片并对其进行修改的时候，最好能在第一时间先对其执行"另存为"命令，并在后面的操作过程中随时保存。这样做既可以保存操作结果，又不会覆盖素材原文件。

▶ 2.1.5　恢复和关闭文件

　　当对当前图像执行若干操作后，还希望恢复到上一次存储的状态，则可以执行菜单栏中的"文件"→"恢复"命令完成。

　　要关闭已经编辑完成的文件，可以直接单击图像窗口右上角的关闭图标，或执行"文件"→"关闭"命令，或直接按Ctrl+W组合键或Ctrl+F4组合键。

　　🔖提示　对于Photoshop这样的图像处理软件来说，关闭文件即表示确认了图像效果，这样不可以再使用"历史记录"面板或按Ctrl+Z组合键查看前面的操作步骤了，因此，关闭前要确定是否为所要的效果。

对于操作完成后没有保存的图像，执行关闭文件命令后，会弹出提示对话框，询问是否需要保存，可以根据需要选择其中一个选项。

另外，除了关闭文件外，还有"文件"→"退出"这样一个命令，此命令不仅会关闭图像文件，同时将退出Photoshop软件。当然也可以直接按Ctrl+Q组合键或Alt+F4组合键退出。

2.1.6 打开文件

要在Photoshop中打开图像文件时，可以按照下面的方法操作。

● 执行"文件"→"打开"命令。

● 按Ctrl+O组合键。

● 双击Photoshop操作空间的空白处。

使用以上3种方法都可以在弹出的对话框中选择要打开的图像文件，然后单击"打开"按钮即可。

另外，直接将要打开的图像拖至Photoshop工作界面中也可以将其打开，但需要注意的是，从Photoshop CS6开始，必须置于当前图像窗口以外，如菜单区域、面板区域或软件的空白位置等，如果置于当前图像的窗口内，则会创建为智能对象。

2.1.7 导入和导出图像

"文件"→"导入"命令的子菜单如图2.6所示，在此处执行不同的命令，可以导入不同的操作对象，如视频帧、注释等。

"文件"→"导出"命令的子菜单如图2.7所示，在此处执行不同的命令，可以导出不同的操作对象，如可以导出当前图像中的路径至Illustrator中，如果要将编辑好的视频导出成为可播放的文件，也可以在此处执行"渲染视频"命令完成。

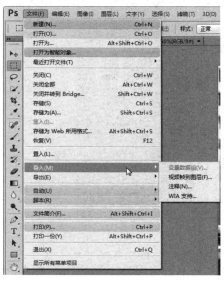

图2.6

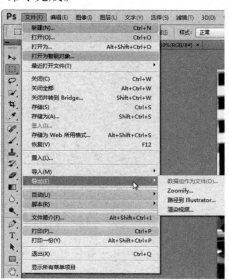

图2.7

Chapter 02

▶ 2.1.8 置入图像

Photoshop是一个位图软件，但它同样也具备了支持矢量图的功能。执行"置入"命令可以将矢量图文件（EPS、AI和PDF格式的文件）插入到Photoshop中使用。其操作方法如下所述。

01 创建或打开一个要往其插入图形的图像文件。

02 执行菜单"文件"→"置入"命令，打开"置入"对话框。在"查找范围"下拉列表中找到文件存放的位置，并选定要插入的文件，然后单击"置入"按钮，如图2.8所示。

03 此时将会出现如图2.9所示的"置入PDF"对话框，在对话框中选择"页面"作为置入的内容，然后单击"确定"按钮即可，如图2.9所示。

图2.8

图2.9

04 这时新置入的对象会显示一个浮动的对象控制框，在没有确认之前，可以任意改变置入图像的位置、大小和方向，图像质量不受影响。调整好后，在框线范围内双击，或单击工具选项栏中的 ✓ 按钮确认置入；如果单击 ⊘ 按钮则取消图像的置入，如图2.10所示。

图2.10

 置入图像后，在"图层"面板中会自动增加一个新的图层，置入的图像则自动成为一个智能对象。

2.2 图像窗口的基本操作

在Photoshop中处理图像时，通常是对几幅图像同时进行的，如将某一图像中局部内容复制粘贴到另一图像中，因此经常要在多个图像之间切换、缩放图像窗口，以及改变图像窗口的位置和大小等。如果能够熟练使用这些简单的窗口操作，将简化编辑图像操作，提高工作效率。本节针对这些内容进行具体介绍。

▶ 2.2.1 改变图像窗口的位置和大小

如果要把一个图像窗口摆放到屏幕适当的位置，需要进行窗口移动。移动的方法很简单，首先将鼠标指针移到窗口标题栏上，并按住鼠标左键，然后拖动图像窗口到适当的位置后松开鼠标即可，如图2.11所示。

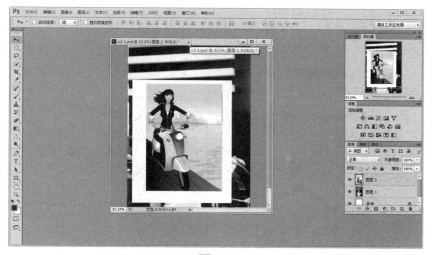

图2.11

 双击图像窗口的标题栏可以使当前窗口最大化。

将鼠标指针移到图像窗口的边框线上，当其变成双箭头形状时，按鼠标键拖动即可改变图像窗口的大小，如图2.12所示。

图2.12

▶ 2.2.2　切换图像窗口

在进行图像处理时，常常需要同时打开多个图像文件，但每次只能对一个图像窗口（该窗口称为活动窗口或当前窗口）中的文件进行编辑处理，这时便需要在图像窗口之间进行切换。

在Photoshop中打开多个文档后，默认状态下图像窗口会以选项卡式来显示文档，单击选项卡上的文档名称，可以在各个文档之间进行切换，如图2.13所示。

当多个图像文件同时打开时，单击任何

图2.13

一个图像窗口的标题栏，即可将其激活，使之成为当前活动的窗口。另外，在"窗口"菜单的底部就会显示当前已经打开的图像文件清单，如图2.14所示，单击上面的文件名也可切换到该图像窗口，使之成为当前活动的窗口。其中打"√"号的表示当前活动的窗口。

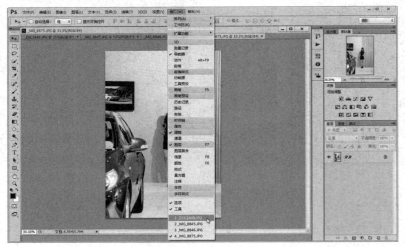

图2.14

任何Photoshop的编辑功能都只对当前活动的图像窗口有效。按Ctrl+Tab组合键或Ctrl+F6组合键可切换至下一个图像窗口；按Shift+Ctrl+Tab组合键或Shift+Ctrl+F6组合键可切换至上一个图像窗口。

2.3　查看图像

在编辑图像的过程中，经常需要观察或编辑图像的细节部分，或观察图像的整体效果，这时就需要调整图像的显示比例，以满足需求。利用工具栏中的"缩放工具" 🔍 或"视图"菜单中的相关选项，可以根据编辑的需要放大或缩小图像。

2.3.1 "视图"菜单

在"视图"菜单中有5个命令选项：放大、缩小、按屏幕大小缩放、实际像素和打印尺寸，分别用于改变图像的显示比例，如图2.15所示。

图2.15

请注意掌握各命令选项的快捷键，如按Ctrl++组合键或按Ctrl+–组合键可以放大或缩小图像显示等。

2.3.2 "导航器"面板

执行"窗口"→"导航器"命令，打开"导航器"面板，将鼠标指针定位在"导航器"面板的缩放滑块上左右拖动，即可改变图像窗口的显示比例，如图2.16所示。

图2.16

使用鼠标移动红色框可以改变图像窗口中显示的内容。它可以在不改变图像显示比例的情况下快速查看图片的细节。在使用较大的显示比例查看图像时，该红色框特别有用。

2.3.3 缩放工具

使用"缩放工具"在图像窗口中单击可将图像放大一倍显示；在使用"缩放工具"的同时按住Alt键单击图像窗口，可将图像缩小50%显示；使用"缩放工具"在图像窗口中单击并拖动，将以单击点为中心，动态放大或缩小显示对象，如图2.17所示。

图2.17

2.3.4 全屏幕显示图像

执行菜单"视图"→"屏幕模式"命令，在弹出的子菜单中执行相应的命令，可以实现图像的标准屏幕模式（默认）、带菜单栏的全屏幕显示和真正的全屏幕显示等，如图2.18所示。

在执行"全屏模式"命令之后，系统将弹出"信息"对话框，其中介绍了有关全屏幕显示的一些操作方法，单击"全屏"按钮即可实现全屏显示，如图2.19所示。

图2.18

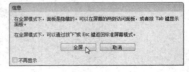

图2.19

2.3.5 抓手工具

当图像超出当前窗口的显示区域时，在图像窗口的右边或下边会出现垂直或水平滚动条，可以拖动滚动条在窗口移动所显示的区域，这一点与文字处理软件Word相似。

也可以使用工具箱中的"抓手工具"🖐来移动显示区域。在选择该工具后，鼠标指针变成手型，在图像窗口中按住并拖动鼠标可改变显示的区域，如图2.20所示。

图2.20

▶ 2.3.6 查看多幅图像

有时需要对多幅图像同时进行观察，除了自动调整各图像窗口的大小外，还可以执行"窗口"→"排列"子菜单命令来实现，如图2.21所示。

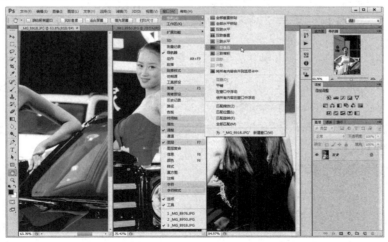

图2.21

2.4 图像的基本操作

不管是打印输出还是在屏幕上显示的图像，制作时都需要设置图像的尺寸和分辨率、调整画布的大小等以适应相应的要求，同时也能节省硬盘空间或内存，提高工作效率。这是因为图像的分辨率和尺寸越大，其文件也就越大，处理速度就越慢。

▶ 2.4.1　修改图像的尺寸和分辨率

图像尺寸是在创建时所设置的，在对图像的再编辑过程中，可以根据需要调整它们的大小，但在调整图像大小时一定要注意文档宽、高度值与分辨率值的关系，否则，改变大小后的图像其效果、质量也会发生变化。

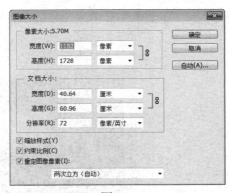

图2.22

要修改图像的尺寸和分辨率，可以执行"图像"→"图像大小"命令，弹出如图2.22所示的"图像大小"对话框。

修改图像尺寸通常存在以下两种情况。

第一种是在保持像素总量不变的情况下，通过缩小图像的物理尺寸来提高图像的分辨率，或通过降低图像分辨率的方法提高图像的物理尺寸。

第二种是在图像的像素总量发生变化的情况下，改变图像的分辨率或物理尺寸。

下面分别介绍在上述两种情况下如何改变图像物理尺寸的操作。

1．在像素总量不变的情况下改变图像物理尺寸

在像素总量不变的情况下改变图像尺寸的操作方法如下所述。

01 在"图像大小"对话框中，取消选中"重定图像像素"复选框，此时"文档大小"选项组的3个数据值被链接，如图2.23所示。

此种情况下，在任何一个数字输入框中输入数值，其他两个数字输入框中的值将自动更改为合适的数值。

02 在对话框的"宽度"和"高度"文本框右侧选择合适的单位。

03 分别在对话框的"宽度"或"高度"两个文本框中输入小于原值的数值，以降低图像的尺寸，此时图像的分辨率值自动增大；反之，如果输入了大于原值的数值，则图像的分辨率将降低，但两种操作都不会影响图像的像素总量，因此对话框上方的"像素大小"数值不会变化，如图2.24所示。

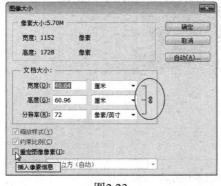

图2.23

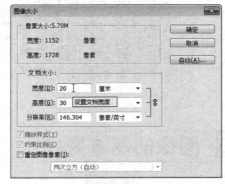

图2.24

在这种情况下，图像不会发生插值，因此图像的总像素量不会发生变化。

2．在像素总量变化的情况下改变图像的尺寸

在像素总量变化的情况下改变图像尺寸的操作方法如下所述。

01 保持"图像大小"对话框中"重定图像像素"复选框处于选中状态。

02 在"宽度"和"高度"文本框右侧选择合适的单位，并在这两个文本框中输入不同的数值，如图2.25所示。

03 也可以在"分辨率"文本框中输入一个新的分辨率数值，以修改当前图像的分辨率数值，如果输入的数值大于原分辨率数值，则Photoshop将增加图像的像素，反之Photoshop将减少图像的像素总量。

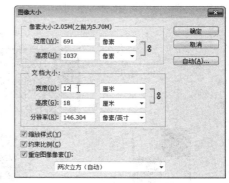

图2.25

此时对话框上方"像素大小"处将显示两个数值，前一个数值为以当前输入的数值计算时图像的大小，后一个数值为原图像大小。如果前一个数值大于后一个数值，表明图像经过了插值运算，像素量增多了；如果前一个数值小于原数值，表明图像经过了插值运算，总像素量减少了。

许多初学者会频繁修改图像的大小，但由于Photoshop无法找回由于插值引起的图像细节损失，因此如果在像素总量发生变化的情况下，将图像的尺寸变小，然后以同样的方法将图像的尺寸放大，损失的图像细节不会再次出现。所以，在修改质量较高的图像的大小时，应该尽量先进行文件的备份，防止出现不可逆的图像品质损失。

2.4.2 了解插值方法

如果在2～4之间取一个数，很可能选3，如果混合红色与蓝色，就得到了紫色，这种在两个事物之间进行估计的数学方法就是插值。在需要对图像的像素进行重新分布，或改变像素数量的情况下，Photoshop可使用插值的方法对像素进行重新"安排"。

从数学的角度上说，插值是在离散数据之间补充一些数据，使这组离散数据符合某个连续函数。插值是函数逼近理论中的重要方法，利用它可通过函数在有限个点处的取值状况，估算该函数在别处的值，即通过有限的数据得出完整的数学描述。

对于Photoshop而言，如果要在黑色和白色之间确定一个中间颜色值，Photoshop可能选择灰色，但它可能是50%的灰色，也可能是其他的灰色。

图2.26所示为一个宽度与高度尺寸只有2个像素大小的图像，如果将此图像文件的宽度与高度数值提高至6个像素大小，Photoshop将重新分布图像的像素并通过插值得到新的像素，其效果如图2.27所示，可以看出在黑与白之间出现了第三种颜色的像素即灰色，这充分证明了插值的作用。

Photoshop提供了6种插值运算方法，可以在"图像大小"对话框中的"重定图像像素"下拉列表中选择这些插值运算方法，如图2.28所示。

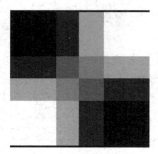

图2.26   图2.27   图2.28

在这6种插值运算方法中，"两次立方"是最通用的一种，其他插值方法也各有其不同的特点，适用于不同的工作情况。有关这些插值方法的具体解释如下所述。

● 邻近（保留硬边缘）：此插值运算方法适用于有矢量化特征的位图图像。

● 两次线性：对于要求速度、不太注重运算后质量的图像，可以使用此方法。

● 两次立方（适用于平滑渐变）：最通用的一种运算方法。

● 两次立方较平滑（适用于扩大）：适用于放大图像时使用的一种插值运算方法。

● 两次立方较锐利（适用于缩小）：适用于缩小图像时使用的一种插值运算方法，但有时可能会使缩小后的图像过锐。

● 两次立方（自动）：可基于调整大小的类型自动选择最好的重新取样方法。该项是Photoshop CS6的新增功能，所以如果对插值运算方法了解不多，可尽量选择该项。

▶ 2.4.3 改变画布大小

修改画布尺寸可能发生在下面的两种情况时。

（1）图像中存在多余的区域，这些区域可以通过修改画布尺寸的方法去除。

图2.29所示为原图像，该幅图像为横构图，现在需要将它变成竖构图，突出小猫主体，则可以通过修改画布的尺寸去除多余的区域，如图2.30所示。

图2.29   图2.30

2．图像中没有空余的区域放置需要增加的图像或文字。

图2.31所示为原图像，如果要为其添加标题文字，会发现没有空余区域，此时也可以通过修改画布的尺寸来解决，如图2.32所示。

图2.31

图2.32

修改画布尺寸的操作包括两种：一种是缩小画布尺寸；另一种是扩展画布尺寸。要完成这两种操作，都可以执行"图像"→"画布大小"命令，或在弹出的快捷菜单中执行"画布大小"命令，弹出如图2.33所示的对话框。

图2.33

此对话框的重要参数如下所述。

- 当前大小：在此选项组显示图像当前的大小、宽度及高度。
- 新建大小：在文本框中输入图像文件的新大小。刚打开"画布大小"对话框时，此选项组的值与"当前大小"选项组的值一样。
- 相对：选中此复选框，在"宽度"和"高度"文本框中显示图像新尺寸与原尺寸的差值。
- 定位：单击定位框中的箭头，可以设置新画布尺寸相对于原尺寸的位置，其中的空白方框为缩放的中心点。定位点不同，扩展画布的方向也不同。
- 画布扩展颜色：单击其右侧的按钮，在弹出的下拉列表中可以选择扩展画布后新画布的颜色，也可以单击其右侧的色块，在弹出的"选择画布扩展颜色"对话框中选择一种颜色，以为扩展后的画布设置扩展区域的颜色。

▶ 2.4.4 图像分辨率和清晰度之间的关系

通过前面介绍的插值理论可以看出，提高图像的分辨率时，Photoshop是通过插值的方法得到更多的像素，这些像素由于出自图像原有的像素，因此并不能提高图像的清晰度。图2.34所示为一幅分辨率为72dpi的图像，通过提高分辨率的方法将其分辨率提高到300dpi时，其效果如图2.35所示。通过对比，可以看出来300dpi的图像并不比72dpi的图像清晰。

图2.34   图2.35

　　如果一幅原本清晰的图像通过插值的方法提高其分辨率，反而可能使图像更加模糊。图2.36所示为截取的一幅图片，其分辨率为72dpi，图2.37所示则为其放大到300%的倍率下观察的效果。

图2.36   图2.37

　　当通过提高分辨率的方法将其分辨率提高到300dpi后，其效果如图2.38所示（仍然为放大300%显示比例），从中可以看出图像的清晰度反而略有降低。

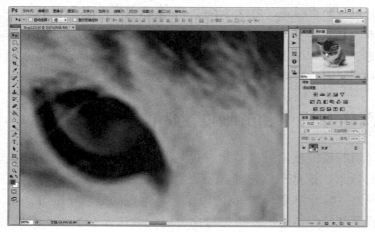

图2.38

观察提高分辨率前后的图像，提高前的图像虽然在放大观察状态下有马赛克现象，但仍然是清晰的，但提高分辨率后的图像在放大的状态下观察就会发现图像已经模糊，这与马赛克的状态完全不同。

这是因为Photoshop在原本清晰锐利的像素旁边重新生成了新的像素，为了使这些像素与原图像中的像素过渡自然、平滑，让其与原来的像素发生了混叠，这反而导致图像在较锐利清晰的边缘处出现模糊现象。

▶ 2.4.5 裁剪图像

数码产品的普及使拍摄照片的过程变得快捷、轻松、充满乐趣。但摄影爱好者经常会由于摄影构图的原因拍摄出主体不突出或者主体占画面比例过小的照片，这时就需要对其进行裁剪操作。

在Photoshop中可以使用下面两种方法进行裁剪操作。

1.执行"裁剪"命令裁剪图像

选择工具箱中的工具配合"裁剪"命令是一种对图像进行裁剪的简单方法，具体操作步骤如下所述。

01 打开随书配套资源中的文件"第2章 \ IMG_0389.png"，利用"裁剪"命令进行操作。

02 在工具箱中选择"矩形选框工具"。

03 围绕图像中需要保留或者突出的部分制作选区，效果如图2.39所示。

04 执行"图像"→"裁剪"命令即可完成裁剪操作，按Ctrl+D组合键取消选区，得到如图2.40所示的效果。

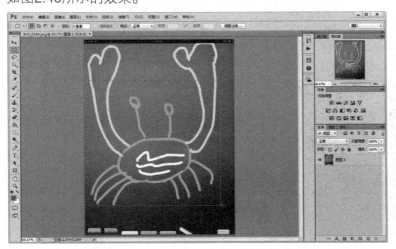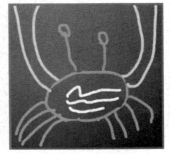

图2.39　　　　　　　　　　　　　　　　　　　　图2.40

2．使用"裁剪工具"裁剪图像

改变画布的大小及方向，最简单有效的方法是使用"裁剪工具"。要改变画布的大小，只需在工具箱中选择"裁剪工具"，然后在图像上拖动，以得到一个裁剪框，此时其工具选项栏变为如图2.41所示的状态。

图2.41

在裁剪工具选项栏中，Photoshop CS6提供了裁剪框内部的网格控制，在"视图"下拉列表中，可以选择显示网格的方式。

● 三等分：在控制框中始终显示3×3的网格。
● 网格：在控制框中显示固定大小的网格，裁剪框越大，则其中的网格就越多。
● 对角：以对角线方式显示网格。
● 三角形：以三角形方式显示裁剪网格。
● 黄金比例：以黄金比例显示裁剪网格。
● 金色螺线：显示螺旋形裁剪网格，对于某些类型的图片剪裁非常实用。

图2.42所示为裁剪过程中的状态，通过拖动裁剪框上的控制句柄来改变裁剪框的大小。

按Enter键或在裁剪框内双击，即可得到裁剪后的图像，效果如图2.43所示。

图2.42

图2.43

如果在得到裁剪框后需要取消裁剪操作，则可以按Esc键。

3、执行"裁切"命令裁剪图像

执行"裁切"命令裁剪图像在图像具备特定的特征（例如视频画面截图）时非常实用。其操作方法如下所述。s

01 打开随书配套资源中的文件"第2章 \ IMG_0350.png"。

02 执行"图像"→"裁切"命令，打开"裁切"对话框，如图2.44所示。

图2.44

该对话框中的选项如下所述。

● 基于：在此选项组中选择裁剪图像所基于的准则。由于该视频画面截图包括上下黑边，所以可选中"左上角像素颜色"单选按钮。

● 裁切：在此选项组中选择裁切的方位。实例图中只有上下黑边，所以可只选中"顶"和"底"复选框，当然，按默认选项也不会有问题。

03 单击"确定"按钮，图片的上下黑边就会被裁掉，如图2.45所示。

图2.45

 提示 这种方法对于处理具有相同特征的某些图片来说，特别是录制动作以便批量处理时非常有效。

2.4.6　旋转图像

旋转图像，就是旋转整个图像文件，使其在方向上发生变化。文件中每个图层的图像也会随之发生变换，旋转画布的命令集中在"图像"→"图像旋转"子菜单中，例如旋转180°、90°（顺时针）、90°（逆时针）、水平翻转画布及垂直翻转画布，如果要随意控制画布角度，则可以执行"任意角度"命令。

需要注意的是，旋转画布与变换图像中的旋转功能有诸多的相似之处，但二者的操作对象有本质上的区别。旋转画布是针对当前图像中所有的图层、路径及通道对象，而变换图像（也包括变换路径及选区等对象）时，只针对当前所选图层中的图像进行处理。

旋转图像可按以下步骤操作。

01 打开随书配套资源中的文件"第2章\ IMG_0394.png"。

02 执行"图像"→"图像旋转"→"90度（顺时针）"命令，如图2.46所示。

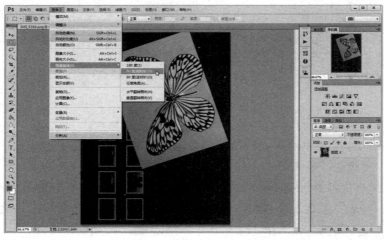

图2.46

03 要旋转图像中的特定对象，例如本实例中的倾斜蝴蝶，则可以先使用"多边形套索"工具选中该对象，然后和执行"编辑"→"变换"→"旋转"命令，如图2.47所示。

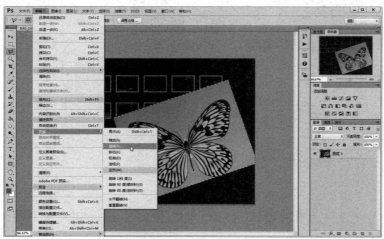

图2.47

04 此时将出现旋转调整柄，可以按照需要旋转和移动选定的对象，如图2.48所示。

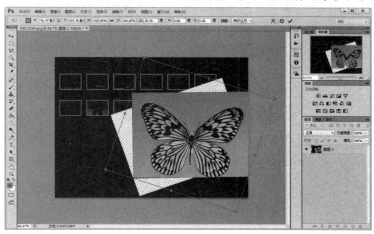

图2.48

05 旋转完成之后按Enter键确认。

2.5 Photoshop辅助工具的应用

在日常绘画时经常会用到三角板、直尺、圆规等辅助工具，同样在Photoshop中进行操作时，辅助类工具的使用也必不可少，如使用标尺进行测量或者使用参考线进行对齐操作等。下面逐一介绍经常会用到的标尺、参考线和网格等。

▶ 2.5.1 标尺

Photoshop可以在工作区的左侧及上方显示标尺以帮助用户对操作对象进行测量。利用标尺不仅可以测量对象的大小，还可以从标尺上拖出参考线，以帮助捕获图像的边缘。有关标尺的操作包括如下这些。

1．显示或者隐藏标尺

执行"视图"→"标尺"命令，可以在工作的任何时候显示或者隐藏标尺，也可以按Ctrl+R组合键快速显示标尺。

2．改变标尺的单位

在 需 要 的 情 况 下 ， 可 以 执 行 " 编 辑"→"首选项"→"单位与标尺"命令，在弹出的对话框中设定单位，如图2.49所示。

除上述方法外，改变当前操作文件度量单位最快捷的操作方法是在文件标尺上单击鼠标右键，在弹出的如图2.50所示的快捷菜单中选择所需要的单位以改变标尺的单位。

图2.49

图2.50

3．改变标尺的原点

在Photoshop中水平与垂直标尺的相交点被称为"原点"。默认情况下标尺原点的位置在工作页面的左上角，但根据需要可以改变标尺原点的位置。

将鼠标指针放置在两个标尺的交界处即左上角处，此处有一个虚线构成的"+"字，在此处单击鼠标，在工作页面中进行拖动可显示一个"+"字相交线。

将"+"字相交线拖动至想要设置为标尺新原点的位置释放鼠标左键，即可重新定义原点的位置，如图2.51所示。

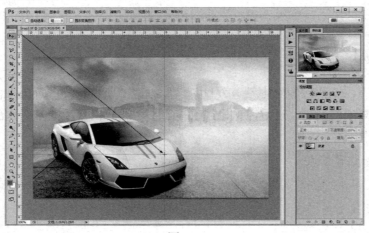

图2.51

 双击标尺交界处的左上角，可以将标尺原点重新设置于默认位置处。

▶ 2.5.2 参考线

参考线能够帮助用户对齐并准确放置对象，根据需要可以在屏幕上放置任意多条参考线。需要注意的是，参考线是不能打印出来的。

如果需要在画布中加入参考线，首先需要显示页面标尺，然后将鼠标指针放在水平或者垂直标尺上，按住鼠标左键向画布内部拖动，即可分别从水平或者垂直标尺上拖动出水平或者垂直的参考线，效果如图2.52所示。

图2.52

参考线的操作如下所述。

1．锁定与解锁参考线

为防止在操作时无意中移动参考线的位置，可以将参考线锁定。执行"视图"→"锁定参考线"命令，则当前工作页面中的所有参考线被锁定，如图2.53所示。

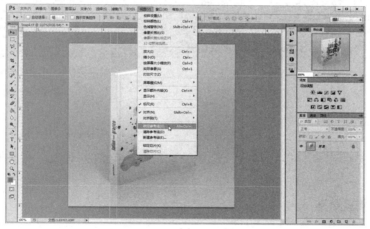

图2.53

要解锁参考线，可以再次执行"视图"→"锁定参考线"命令。

2．清除参考线

要清除一条或者几条参考线，首先需要取消参考线的锁定状态，然后使用"移动工具"将其拖回标尺上，释放鼠标左键即可。如果要一次性全部清除画布中的参考线，可以执行"视图"→"清除参考线"命令。

3．显示与隐藏参考线

要显示参考线，可以执行"视图"→"显示"→"参考线"命令。

要隐藏参考线，可以再次执行"视图"→"显示"→"参考线"命令。

4．使用智能参考线

智能参考线不同于上面介绍的参考线，它能根据需要自动决定显示或者隐藏的状态。当进行对齐、移动、制作选区等操作时，如果不希望在图像中显示过多的参考线，可以选择显示智能参考线。要显示智能参考线，可以执行"视图"→"显示"→"智能参考线"命令。

图2.54所示为移动"书籍装帧艺术"文字所在的图层时，智能参考线所显示的状态。可以看出，当"书籍装帧艺术"文字所在图层中的文字与"背景 副本"图层的图书产生某种对齐（如水平居中对齐、顶对齐、底对齐、左对齐等）时，智能参考线就会自动显示出来。默认状态下，智能参考线显示为粉红色。

如果满足几种对齐状态，则可能会同时显示出几条智能参考线。图2.55所示就显示了底边对齐和居中对齐两种智能参考线。

图2.54　　　　　　　　　　　　　　　　　　图2.55

▶ 2.5.3　网格

网格也不能打印出来，但比参考线能更精确地对齐与放置对象。有关网格的操作如下所述。

1．显示与隐藏网格

执行"视图"→"显示"→"网格"命令，将按系统默认的设置显示网格，如图2.56所示。

再次执行此命令，可以隐藏网格。

2．对齐网格

如果习惯于使用网格使绘图更加规范、有效，可以执行"视图"→"对齐到"→"网格"命令。默认情况下该命令处于被激活的状态，这样在绘制或者移动对象时，选区或者被移动的路径、正在绘制的路径的锚点会自动捕捉其周围最近的一个网格点并与之对齐，此选项对于操作非常有帮助。

图2.56

2.5.4 显示额外内容

执行菜单"视图"→"显示额外内容"命令，可在图像窗口中显示额外内容，包括"图层边缘""选区边缘""网格""参考线""目标路径""切片"和"注释"，用于显示或隐藏多项扩展对象。

 在执行该命令前，必须先执行"视图"→"显示"子菜单中的相应命令，才可以使用该命令来显示或隐藏各项对象。

执行菜单"视图"→"显示"→"全部"命令，可以显示所有扩展对象；执行"视图"→"无"命令则可以隐藏所有扩展对象。

2.6 思考与练习

1．填空题

（1）打开多个图像后，按＿＿＿＿＿＿＿键和＿＿＿＿＿＿＿键可以切换图像窗口，按＿＿＿＿＿＿＿键或＿＿＿＿＿＿＿键可以将打开的图像窗口关闭。

（2）在Photoshop中，要对整个图像进行旋转操作，可以执行＿＿＿＿＿＿＿菜单命令；要对图像进行裁剪，可以使用＿＿＿＿＿＿＿工具。

（3）显示网格和参考线后，按＿＿＿＿＿＿＿键可以隐藏它们。

2．问答题

（1）在Photoshop中，如何同时查看多幅图像？

（2）"图像大小"与"画布大小"这两个命令有什么区别？

（3）网格和参考线的作用是什么？有什么不同之处？

3．上机练习

（1）新建一个大小为600像素×400像素，分辨率为150像素/英寸，背景色为透明的RGB图像。然后置入一个AI的文件，并将其保存起来。

（2）打开一幅图像文件，显示标尺、网络和参考线，并在图像中拉出几条参考线，然后按照参考线裁剪图像。

第3章 创建和编辑选区

>> **本章导读**

　　选区是Photoshop中一个十分重要的概念，许多操作都是基于选区进行的。简单地说，选区表示的是各种命令的操作区域，通过创建选区，约束操作发生的有效区域，从而使每一项操作都有针对性地进行。因此，选区的优劣、准确与否，都与图像编辑的成败有着密切的关系，如何在最短时间内创建有效的、精确的选区是在进行操作前要面临的问题。本章将详细介绍利用各种选择工具建立与编辑符合要求的完美选区。

>> **学习要点**

- 规则与不规则选取工具
- 创建选区
- 图像显示基本操作
- 常用编辑命令
- 图层的概念
- 图像的变形操作

3.1 选区的概念

　　简单地说，选区就是对当前图像进行各种操作前，用于限定操作范围的一种操作。

　　例如，可以打开一幅源图像，如图3.1所示。

　　在没有任何选区的情况下，使用"高斯模糊"滤镜对图像进行处理，完成后的效果如图3.2所示，从中可以看出，整个图像都被该滤镜进行了处理。

图3.1　　　　　　　　　　　　　　　　　　图3.2

　　如果此时只想对人物图像进行滤镜处理，就需要使用选区。图3.3所示为通过绘制及简单编辑后得到的选区状态，该选区选择了除人物之外的所有区域，也就是说，在使用滤镜对其进行处理时，处理的范围将被限制在该选区范围内，不包括人物主体

　　图3.4所示为再次应用"高斯模糊"滤镜进行处理后的效果，从中可以看出，人物以外的区域被模糊化了，而人物主体并没有被处理。

　　正因为选区对操作范围界定非常的重要，因此应该养成操作前精确创建选区的好习惯。

图3.3   图3.4

3.2 创建规则选区

　　使用"选框工具"可以创建比较规则的选区。"选框工具"包括"矩形选框工具" 、"椭圆选框工具" 、"单行选框工具" 和"单列选框工具" ，如图3.5所示。

　　使用这些工具可以建立4种基本选区：矩形、椭圆、单行和单列。本节将详细介绍这些工具的使用方法。

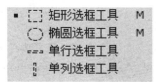

图3.5

▶ 3.2.1 矩形选框工具

　　使用"矩形选框工具"能建立矩形选区。而要选择一个矩形对象，使用此工具也是最方便、最简单的方法，其工具选项栏如图3.6所示。

图3.6

在矩形选框工具选项栏中，主要参数如下所述。

● 选区运算模式：在此处单击不同的按钮，可以设置在绘制选区时与原选区之间的不同运算方法。关于此功能的介绍，请参见本章3.4节"选区间的加减交运算"。

● 羽化：该参数是"矩形选框工具"、"椭圆选框工具"及"套索工具"都有的参数，其作用是使选区边缘的像素分散（或称混淆），使选区具有柔和的边缘。数值越大，选择区域的柔和程度越大，边缘越不明显。

● 样式：在此下拉列表中包括3种选区样式。选择"固定比例"样式，则后面的"宽度"和"高度"文本框将被激活，在其中输入数值可以固定选区"高度"与"宽度"的比例，此时利用"矩形选框工具"可以创建大小不同但比例相同的选区；选择"固定大小"样式，在"宽度"和"高度"文本框中输入选区所需要的高、宽值，用"矩形选框工具"在图像中单击，可创建大小固定的选区；选择"正常"样式，则可以随意根据需要绘制矩形选区。

● 调整边缘：在当前已经存在选区的情况下，此按钮将被激活，单击即可弹出"调整边缘"对话框，从中可调整选区的状态。

要使用此工具创建矩形选区，只要单击该工具按钮后，直接在图像中拖动即可，如图3.7所示。

图3.7

 在拖动"矩形选框工具"时按住Shift键可以创建正方形选区。

▶ 3.2.2 椭圆选框工具

若要制作圆形选区，可单击工具箱中的"椭圆选框工具"按钮，在默认状态下此工具并未显示，要显示并选择此工具，可以在工具箱中单击"矩形选框工具"时，显示与其同处一组的隐藏工具，然后在其中单击"椭圆选框工具"按钮即可。

此工具的使用方法与"矩形选框工具"相同，图3.8所示为使用此工具创建的圆形选区。

图3.8

 在拖动"椭圆选框工具"时按住Shift键可以创建圆形选区；按住Alt键则可以按鼠标单击点的位置为圆心。

3.2.3 单行或单列选框工具

使用"单行选框工具"或者"单列选框工具"可以得到单行或者单列选区，这两个工具使用时直接单击即可。

> 提示 使用这两个工具制作选区后并填充颜色，可以快速得到直线。

3.3 创建不规则选区

对于图像处理而言，创建规则选区的时候固然很多，但是创建不规则选区的时候也很常见，毕竟很多对象的外形都是不规则的。在Photoshop中，有多种工具和方法可以创建不规则选区，本节将对此进行逐一介绍。

▶ 3.3.1 套索工具

使用"套索工具"可以轻松创建不规则选区，其工作模式类似于使用"铅笔工具"来描绘被选择的区域，自由度非常大，但由于是手动拖移鼠标来创建选区，稍有不慎就达不到理想的选择效果，因此只有熟练操作且注意力高度集中时才能创建精度很高的选区。

使用"套索工具"创建选区的操作步骤如下所述。

01 选择"套索工具"，并在其工具选项栏中设置适当的参数。

02 围绕需要选择的图像拖动光标。

03 释放鼠标左键即可闭合选区，如图3.9所示。

在实际操作中，通常用"套索工具"来创建精度不高的选区，如大面积的云彩、光影等效果以及对轮廓要求不高的形体。

很多时候，对所选择图像边缘的要求并不

图3.9

高，但至少边缘要看起来有一定的过渡，以便于很好地与背景图像融合起来，此时利用"套索工具"并设置适当的"羽化"参数进行处理，就是一个非常不错的选择。

很多用户习惯用"套索工具"来选择边缘较精细的图像，这是一种错误的方法。因为"套索工具"完全通过感应鼠标的移动轨迹而产生选区，也就是说，鼠标的任何一点移动都会被记录成为选区，这样就导致选区的边缘极易出现锯齿，所以该工具仅适用于非常粗略地选择图像，或创建一个大致轮廓的选区。

▶ 3.3.2 多边形套索工具

使用"多边形套索工具"创建选区时，只需要在图像上单击，两点之间即可生成直线。

当选区闭合后，所有直线自动变换为选区，这是创建多边形式不规则选区的最佳工具。

图3.10

使用"多边形套索工具"创建不规则选区的操作步骤如下所述。

01 选择"多边形套索工具"，并在其工具选项栏中设置适当的参数。

02 在图像中单击以设置选区的起始点。

03 围绕需要选择的图像，不断单击以确定节点，节点与节点之间将自动连接成选择线。

04 如果在操作时出现误操作，按Delete键可删除最近确定的节点。

05 若要闭合选择区域，可将光标放在起点上，此时光标旁边会出现一个闭合的圆圈，单击即可闭合选区。如果光标在其他位置，双击也可以闭合选区，如图3.10所示。

▶ 3.3.3 磁性套索工具

"磁性套索工具"与"套索工具"的区别在于它可以根据图像的对比度自动跟踪图像的边缘，并沿图像的边缘生成选区。

"磁性套索工具"特别适合于选择背景较复杂、选择的区域与背景有较高对比度的图像。图3.11所示的图像由于具有很高的对比度，因此使用"磁性套索工具"创建选区是比较理想的方法。

使用此工具创建选区的操作步骤如下所述。

01 选择"磁性套索工具"，设置其工具选项栏，如图3.12所示。

图3.11

图3.12

02 如果要设置"套索工具"探索图像的宽度范围，在"宽度"文本框中输入数值即可。

03 如果要设置边缘的对比度，在"对比度"文本框中输入数值即可。数值越大，"磁性套索工具"对颜色对比反差的敏感程度越低。

04 如果要设置"磁性套索工具"在定义选择边界线时插入节点的数量，在"频率"文本框中输入数值即可。数值越高，插入的定位节点越多，得到的选区也就越精确。

05 在图像中单击设置开始选择的位置，然后围绕需要选择图像的边缘移动光标。使用此工具进行工作时，Photoshop会自动插入定位节点，但如果希望手动插入定位节点，也可以单击完成操作。

06 如果要手动绘制线段，应将光标沿需要跟踪的边缘移动。移动光标时选择线会自动贴紧图像中对比最强烈的边缘。

07 如果出现错误操作，按Delete键删除最近绘制的线段和节点即可。

08 双击即可闭合选区，如图3.13所示。

> **提示** 在使用"磁性套索工具"时，如果要暂时切换为"多边形套索工具"，可按住Alt键，然后在图像上单击。如果要切换至"套索工具"，按住Alt键按套索方式创建选区即可。

图3.13

在使用"磁性套索工具"的过程中，如果希望向前删除已确定下来的锚点，可以按退格键。

"磁性套索工具"对于边缘对比强烈的图像效果比较好，因此在操作时注意当前操作的图像是否有良好的对比度。

"多边形套索工具"和"磁性套索工具"在创建不规则选区时都非常方便有效，只要注意区分要操作的图像更适用于哪种套索工具，就可以迅速创建出更合乎要求的选区。

许多初学者在使用"磁性套索工具"时觉得不好控制和把握，因为该工具会自动进行选择来完成选区的创建，但如果谨记在色彩差别或者边缘不明显的地方可以切换使用"套索工具"或"多边形套索工具"，通过单击的方式来确定节点的位置，而不是完全依赖"磁性套索工具"，就能获得令人满意的选区。

在较大的画面上进行选区的创建时，常会遇到这样的问题：缩小画面将无法看清图像细节从而无法精确选择，而放大画面却看不到完整的图像。对于这种情况，可以在放大图像以观察图像细节的状态下，按住空格键切换为"磁性套索工具"，使用此工具即可移动画面，释放空格键后又可以再次切换为"套索工具"继续创建选区。

但是如果使用"磁性套索工具"，则切记不要释放鼠标左键，否则系统就会自动完成选区的创建，而所创建出来的选区事实上并不是所希望得到的效果。

▶ 3.3.4 魔棒工具

"魔棒工具"是依据图像的颜色分布来创建选区的，只需要在想选择的区域单击即可选择这些对象。"魔棒工具"的参数对选区有很大的控制作用，因此设置合适的参数是创建选区的基础。选择"魔棒工具"后，其工具选项栏如图3.14所示。

图3.14

1. "魔棒工具"选项栏的使用

通过灵活调整此工具的"容差"值并配合单击"选区工作模式"按钮，能够较好地将需要选择的图像从整个图像中选择出来，其操作步骤如下所述。

01 在Photoshop中打开本书配套资源"素材\第3章\ss1.jpg"图片文件，如图3.15所示。

02 在工具箱中选择"魔棒工具"，并在其工具选项栏中设置适当的参数值。

03 在"容差"文本框中输入0～255之间的一个像素值。如果在"容差"文本框中输入较低的数值，可以得到与单击像素非常相似的颜色；输入较高的数值，可以得到较大的颜色范围，从而扩大选择范围。例如，如果输入容差值为10，则由于部分蓝色天空之间的色差大于10，所以不能将所有蓝天区域都选中，如图3.16所示。

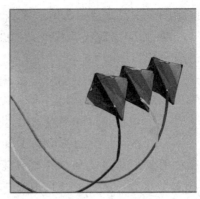

图3.15

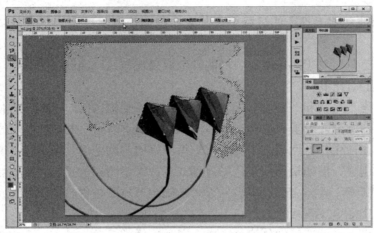

图3.16

如果输入容差值为50，则所有蓝天区域都可以轻松选中，如图3.17所示。

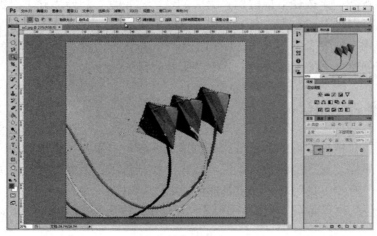

图3.17

04 选中"消除锯齿"复选框，可得到平滑的选区边缘。

05 如果要选择使用所有可见图层中数据的颜色，应选中"对所有图层取样"复选框，否则"魔棒工具"仅从当前图层中选择颜色。

06 如果希望连续选择，应选中"连续"复选框，否则应取消其选中状态。图3.18所示为选中"连续"复选框时，单击色块所得到的选区。

图3.19所示为选中选该复选框时，单击同一位置所得到的选区，从中可以看到不相邻的颜色值在"容差"范围内的图像也会被同时选中。

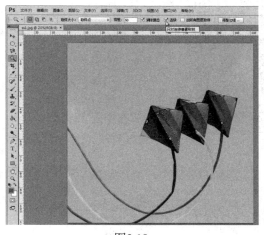
图3.18

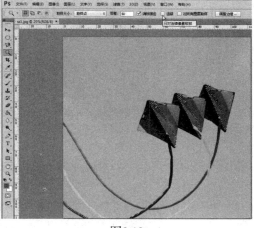
图3.19

配合使用Shift键与Alt键可增加或减少选区，直至得到需要的选区。

▶ 3.3.5 快速选择工具

使用"快速选择工具" 可以像使用"画笔工具"一样绘制选区，也就是说，可以"画"出所需的选区。"快速选择工具"选项栏如图3-20所示。

各参数含义如下。

图3-20

- ：用于设置建立选区的方式，分别是"新选区""增加到选区"和"从选区中减去"。

- "画笔" ：单击右侧三角按钮可调出画笔参数设置框，可以对涂抹时的画笔属性（大小、硬度等）进行设置，笔刷越大选择的区域越广。

- 对所有图层取样：选中此复选框后，将不再区分当前选择了哪个图层，而是将所有可视图像视为在同一个图层上创建选区。

下面通过一个简单的实例，介绍"快速选择工具"的使用方法。

01 使用Photoshop打开本书配套资源"素材 \ 第3章 \ bird18.jpg"文件，也可以将该素材文件复制到本地磁盘上操作。

02 选择"快速选择工具"，在工具选项栏中设置适当的参数及画笔大小。

03 在鸟儿身上单击，并按住鼠标左键向下拖动，在拖动的过程中就能得到类似图3.21所示的选区。

04 继续在小鸟的身上拖曳鼠标指针画出选区，直至将整个小鸟选中，如图3.22所示。

图3.21

图3.22

　　"快速选择工具"可以使用两种方法来完成选区的创建，即拖动涂抹和单击。在实际操作中，可以将两者结合起来使用。如在选择大范围的图像内容时，可以利用拖动涂抹的形式进行处理，而添加或减少范围时，则可以考虑使用单击的方式进行处理。

> 在操作过程中，如果要将多余的选区减掉，可以按住Alt键暂时切换至减去选区模式（即从选区减去模式）；如果要增加选区，可以按住Shift键切换至增加选区模式；或者直接单击选项栏中的"从选区减去"按钮 或"添加到选区"按钮 。

▶ 3.3.6　使用"色彩范围"命令创建选区

　　使用"色彩范围"命令也可以依据颜色分布情况创建选区，但其操作比"魔棒工具"更灵活、复杂。

1."色彩范围"命令操作方法

　　执行"色彩范围"命令创建选区的操作步骤如下所述。

①打开随书配套资源中的文件"素材 \ 第3章 \ 2.jpg"。

②执行"选择"→"色彩范围"命令，打开如图3.23所示的"色彩范围"对话框。

图3.23

③确定需要选择的图像部分，如果要选择图像中的红色，可在"选择"下拉列表中选择"红色"选项。在大多数情况下若自定义要选择的颜色，应该在"选择"下拉列表中选择"取样颜色"选项，默认情况下使用此选项进行选择，此时可以在要选择的位置单击以吸取颜色，如图3.24所示。

图3.24

④选中"选择范围"单选按钮，使对话框预览窗口中显示当前选择的图像范围。

⑤在对话框中选择"吸管工具" 　，在需要选择的图像部分单击，观察预览窗口中图像的选择情况，白色代表已被选择的部分，白色区域越大表明选择的图像范围越大。

⑥如果需要添加另一种颜色的选择范围，则在对话框中单击"添加到取样"按钮　，并用其在图像中要添加的颜色区域单击，如图3.25所示。

⑦如果要减少某种颜色的选择范围，则在对话框中单击"从取样中减去"按钮　，在图像中单击即可。

⑧拖动"颜色容差"滑块，直至所有需要选择的图像都在预览窗口中显示为白色（即处于被选中的状态）。

图3.25

 按住Shift键可以切换为增加颜色；按住Alt键可以切换为减去颜色；颜色可从对话框预览窗口或图像中用"吸管工具"来拾取。

09 如果要保存当前设置，可以单击"存储"按钮将其保存为.axt文件，单击"确定"按钮后即可获得选区。

在创建选区并退出对话框以前，如果希望精确控制选区的大小，可选中"本地化颜色簇"复选框，"范围"滑块将被激活。通过拖动"范围"滑块可以改变对话框预览窗口中的光点范围，光点越大表明选区越大。

2．选择不同色调范围图像

"色彩范围"命令区别于"魔棒工具"与"快速选择工具"的一大特点是能够选择出图像的高光、中色调与暗调部分。

要完成这种选择，只需要在"色彩范围"对话框的"选择"下拉列表中选择"高光""中色调"或"阴影"选项即可。例如，打开本书配套资源"素材 \ 第3章 \ e8b.jpg"，然后再在"色彩范围"对话框中选择"高光"选项，如图3.26所示。

得到的选区如图3.27所示。

图3.26

图3.27

对于许多仅需要简单调整的图像而言，使用此命令选择图像的"高光"和"阴影"选项，再使用后面章节中将要介绍的"色阶"和"曲线"命令就能够得到不错的调整效果。

3.4 选区间的加减交运算

在工具箱中选择任意一种选择工具，工具选项栏上都将显示4个选区工作模式按钮
📄📑📑📄。选区模式是指在制作选区时加、减、交的操作，根据当前已存在的选择区域选择不同的选区模式，能够得到不同的选区。

下面分别介绍这4个按钮的作用。

▶ 3.4.1 新选区

单击"新选区"按钮📄，在工作界面中进行操作，可以创建新的选区，在创建新选区时，原选区被替换。

▶ 3.4.2 添加到选区

单击"添加到选区"按钮📑，在工作界面中进行操作，可以创建多个选区。当单击此按钮时，原选区仍然被保留，而同时也能创建新的选区，其作用类似于按住Shift键进行选择。

图3.28所示为原选区，图3.29所示为在此选区模式下得到的新选区。

图3.28

图3.29

▶ 3.4.3 从选区中减去

单击"从选区减去"按钮📑，在工作界面中进行操作，可以从已存在的选区中减去当前绘制选区与原选区重合的部分。

例如，在图3.29的实例中，要去除已经选定的蓝天白云背景，则可以选择"魔棒工具"，单击其工具选项栏中的"从选区减去"按钮，并且设置合适的"容差"值（例如20），然后单击选区中的蓝天和白云，即可将它们从选定的区域中清除，如图3.30所示。

图3.30

也可以使用其他选框工具（例如"矩形选框工具"或"椭圆选框工具"），同样设置为"从选区减去"模式，以清除选定区域中不需要的部分，如图3.31所示。

图3.31

▶ 3.4.4 与选区交叉

单击"与选区交叉"按钮回，在工作界面中进行操作，可以得到创建选区与原选区交叉重合部分的新选区。

01 打开随书配套资源中的文件"素材 \ 第3章 \ ff.jpg"，使用"矩形选框工具"制作一个如图3.32所示的选区。

02 选择"椭圆选框工具"，在其工具选项栏中单击"与选区交叉"按钮，然后使用"椭圆选框工具"绘制一个与矩形选区存在交集的椭圆形选区，如图3.33所示。

得到的交叉选区如图3.34所示。

图3.32

| 图3.33 | 图3.34 |

3.4.5 创建选区的快捷键

（1）要添加到选区或者选择图像中的另外一个区域，可按住Shift键后再制作需要添加的选区，此时鼠标指针为+₊形。

（2）要从一个已存在的选区中减去一个正在制作的选区，可按住Alt键的同时再制作要减去的选区，此时鼠标指针为+₋形。

（3）要制作正方形或者正圆形选区，在拖动"矩形选框工具"或者"椭圆选框工具"的同时按住Shift键即可。

（4）要从当前的单击点处开始以向外发散的方式制作选区，在拖动"矩形选框工具"或者"椭圆选框工具"的同时按住Alt键即可。

（5）在拖动"矩形选框工具"或者"椭圆选框工具"的同时按Alt+Shift组合键，可以从当前的单击点处出发，制作正方形及正圆形选区。

（6）要得到与已存在的选区交叉的部分，可按Alt+Shift组合键的同时制作新的选区，此时鼠标指针为+×形。

3.5 编辑和修改选区

通过前面的介绍，读者已经了解了一些常用的选区创建方法。多数情况下，无法一次性得到满意而复杂的选区，对于这样的选区，可以先创建一个基本选区，再对选区进行一定程度上的调整，以得到最终需要的选区。本节将介绍调整选区常用的知识与技巧。

3.5.1 全选

所谓的"全选"，就是选择所有像素，即将画布中所有的图像内容都选中，这也是Photoshop中创建选区最简单的一种方式。

要选择图像中的所有内容，可以按Ctrl+A组合键或执行"选择"→"全部"命令。

▶ 3.5.2　反选

如果执行"选择"→"反向"命令或按Ctrl+Shift+I组合键，可以选择当前选区以外的区域。

例如，图3.35所示为原选择区域，它选中了全部的蓝天背景。

执行"反选"命令后，可以选择除蓝天背景之外的所有其他对象，如图3.36所示。

图3.35　　　　　　　　　　　　　　　图3.36

▶ 3.5.3　扩大和缩小选区

执行"收缩"或"扩展"命令，可以在选区原形状的基础上，将其缩小或放大一定的像素值。方法是根据选区的需要（是收缩还是扩展），执行"选择"→"修改"→"收缩"或"扩展"命令，在弹出的对话框中设置适当的参数值，单击"确定"按钮退出对话框后，即可对选区进行收缩或扩展。

由于只能对收缩或扩展的数值进行目测，因此可能无法一次性得到满意的选区，此时需要撤销上一次操作，然后重新进行选区的收缩或扩展，直至得到满意的效果。

▶ 3.5.4　扩展选区

在操作时经常会遇到这样一类图像，相同的颜色区域间断地分布在图像的不同位置，而且边缘复杂难选。下面介绍的两个命令，可以解决在此类图像中进行选择时所遇到的问题。

执行"选择"→"扩大选取"命令，可以依据当前已有选区的图像颜色值扩大当前的选区。选区扩大的程度与在"魔棒工具"选项栏中指定的"容差"数值有关。

例如，图3.37所示为使用"魔棒工具"快速选择的原选区。此时"魔棒工具"的"容差"值为10。

执行"选择"→"扩大选取"命令，即可得到新的选区。但是由于"魔棒工具"的"容差"值不大，所以扩展的选区有限，如图3.38所示。

图3.37   图3.38

现在将"魔棒工具"的"容差"数值设置为50，然后再次执行"选择"→"扩大选取"命令，则可以得到如图3.39所示的选区。

图3.39

通过上图可以看出，"容差"数值越大，操作后得到的选区的范围就越大。

 执行"选择"→"选取相似"命令，可以将整个图像中容差范围内的像素而不仅仅是相邻像素加入到当前存在的选区中。

▶ 3.5.5   平滑选区

当制作的选区要求精确度不高时，可以利用"平滑"命令对选区的锯齿或琐碎边缘进行处理。图3.40所示就是利用"魔棒工具"创建的带有锯齿边缘的选区。

图3.41所示为执行"选择"→"修改"→"平滑"命令，并在弹出的对话框中设置半径为8时得到的选区。

图3.40

图3.41

3.5.6 羽化选区

执行"选择"→"修改"→"羽化"命令，可以将生硬边缘的选区处理得更加柔和，执行该命令后弹出的对话框如图3.42所示，设置的参数越大，选区的效果越柔和。

图3.42

下面将通过制作晕边图像的实例来理解羽化值的作用，其操作步骤如下所述。

01 打开随书配套资源中的文件"素材 \ 第3章 \ feather.psd"，如图3.43所示。在本例中将为该图像制作一个晕边艺术照片效果。

02 选择"多边形套索工具"，在图像中大致绘制一个如图3.44所示的选区，以将人物主体图像选中。

图3.43

图3.44

03 按Shift+F6组合键或执行"选择"→"修改"→"羽化"命令，打开"羽化选区"对话框，半径设置为10左右，单击"确定"按钮退出对话框，得到如图3.45所示的选区。

04 由于需要在画布周围制作晕边效果，因此选区应该是选择相反的范围。按Ctrl+Shift+I组合键或执行"选择"→"反向"命令，此时选区的状态如图3.46所示。

图3.45

图3.46

05 设置前景色为白色，按Alt+Delete组合键填充选区，按Ctrl+D组合键取消选区，得到如图3.47所示的效果。

图3.47

实际上，除了使用"羽化"命令来柔化选区外，各个选区创建工具中也同样具备了羽化功能，例如"矩形选框工具"和"椭圆选框工具"，在这两个工具的工具选项栏中都有一个非常重要的参数即"羽化"。图3.48所示为"矩形选框工具"选项栏。

图3.48

图3.49所示为"椭圆选框工具"选项栏。

图3.49

另外，像"套索工具""多边形套索工具""磁性套索工具"等，都在其工具选项栏中带有"羽化"参数，这里就不逐一列举了。

> 需要注意的是，如果要使"选择工具"的"羽化"值有效，必须在绘制选区前在工具选项栏中输入数值。即如果在创建选区后再在"羽化"文本框中输入数值，该选区就不会受到影响。

▶ 3.5.7　边界化选区

执行 "选择" → "修改" → "边界" 命令，在弹出的对话框中键入数值，可以将当前选区边界化。

图3.50所示为原选区。图3.51所示为执行此命令后得到的选区。图3.52所示为对选区填充红色后的效果。

图3.50

图3.51

图3.52

▶ 3.5.8　调整选区边缘

在Photoshop CS6中，"调整边缘"命令的最大特色在于加入了"边缘检测"功能，并配合"调整半径工具"及"抹除调整工具"对抠选的图像边缘进行较为精细的调整，从而在快速抠选半透明物品、头发等图像时更具实用性，从实际的应用效果来看，虽然不能与使用通道等高级功能抠选出的结果相媲美，但在抠选的实用、方便程度上却非常突出。

创建一个选区，执行 "选择" → "调整边缘" 命令，或在各个选区绘制工具的工具选项栏上单击"调整边缘"按钮，即可调出其对话框，如图3.53所示。

下面分别介绍"调整边缘"对话框中各个参数的含义。

图3.53

1. 视图模式

此选项组中的各参数如下所述。

● 视图列表：在此列表中，Photoshop依据当前处理的图像，生成了实时的预览效果，以满足不同的观看需求。根据此列表底部的提示，按F键可以在各个视图之间进行切换，按X键只显示原图，如图3.54所示。

图3.54

- 显示半径：选中此复选框后，将根据下面设置的"半径"数值，仅显示半径范围以内的图像，如图3.55所示。
- 显示原稿：选中此复选框后，将依据原选区的状态及所设置的视图模式进行显示。图3.56所示为选中此复选框并设置预览模式为"黑底"时的预览状态。

图3.55

图3.56

2．边缘检测

此选项组中的各参数如下所述。

- 半径：此处可以设置检测边缘时的范围。
- 智能半径：选中此复选框后，将依据当前图像的边缘自动进行取舍，以获得更精确的选择结果。

3．调整边缘

此选项组中的各参数如下所述。

- 平滑：当创建的选区边缘非常生硬，甚至有明显的锯齿时，可使用此选项来进行柔化处理。

- 羽化：此参数与"羽化"命令的功能基本相同，都是用来柔化选区边缘的。
- 对比度：设置此参数可以调整边缘的虚化程度，数值越大则边缘越锐化。通常可以帮助创建比较精确的选区。
- 移动边缘：该参数与"收缩"和"扩展"命令的功能基本相同，向左侧拖动滑块可以收缩选区，而向右侧拖动则可以扩展选区，如图3.57所示。

4. 输出

此选项组中的各参数如下所述。

- 净化颜色：选中此复选框后，下面的"数量"滑块被激活，拖动调整其数值，可以去除选择后的图像边缘的杂色。图3.58所示为选中此复选框并设置适当参数后的效果对比，可以看出，处理后的结果被过滤掉了原有的诸多绿色杂边。

图3.57 图3.58

- 输出到：在此下拉列表中，可以选择输出的结果。

5. 工具

此选项组中的各参数如下所述。

- "缩放工具" ：使用此工具可以缩放图像的显示比例。
- "抓手工具" ：使用此工具可以查看不同的图像区域。

需要注意的是，"调整边缘"命令相对于通道或其他专门用于抠图的软件及方法，其功能还是比较简单的，因此无法苛求它能够抠出高品质的图像，通常可以作为在要求不太高的情况下，或图像对比非常强烈时使用，以达到快速抠图的目的。

▶ 3.5.9 移动选区

选区也是可以移动的。例如，图3.59所示为执行"选择"→"色彩范围"命令后选定的选区。

要移动该选区，可以按下述步骤进行操作。

01 在工具箱中选择一种选择工具。

02 将鼠标指针放在选区内。

03 待鼠标指针的形状变为 时，用鼠标指针拖动选区，如图3.60所示。

图3.59　　　　　　　　　　　图3.60

 如果使用"移动工具"移动选区，则会导致选区中的对象被直接移走，如图3.61
所示。

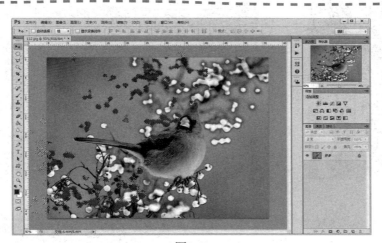

图3.61

3.5.10　取消选区

创建选区后，执行"选择"→"取消选择"命令或按Ctrl+D组合键，可取消选区。

3.5.11　再次选择选区

如果刚刚取消了选区，又想再次选择相同区域，则可以按Ctrl+Shift+D组合键或执行"选
择"→"重新选择"命令。

3.6　变换、存储和载入选区

选区是图像处理的目标区域，所以在确定选区后不要直接取消，对于有些选区要注意重
复利用。例如，对于人像照片中头发、脸部或四肢躯干等的选择，有些照片由于内容的关系，

选区的创建非常耗费时间，所以将这些选区保存起来以便下次应用，就是一个很好的方法。

▶ 3.6.1 变换选区

通过对选区进行缩放、旋转、镜像等操作，可以对现存选区二次利用得到新的选区，从而极大降低制作新选区的难度。

变换选区的步骤如下所述。

01 执行"选择"→"变换选区"命令。

02 选区周围会出现变换控制框，如图3.62所示。

03 拖动控制框的控制句柄即可完成调整选区的操作，图3.63所示为顺时针旋转30°后的状态。

图3.62

图3.63

04 如果在变换控制框上单击鼠标右键，可以在弹出的快捷菜单中执行相应的变换命令，如图3.64所示。

> 提示 按住Shift键拖动控制句柄，可以保持选区边界的宽高比例；若旋转选区的同时按住Shift键，可以按15°的增量旋转选区。

如果要精确控制选区，可以在控制句柄存在的情况下，在如图3.65所示的工具选项栏中设置参数。

图3.64

图3.65

工具选项栏中的各参数如下所述。

- 使用工具选项栏中的图标可以确定操作参考点的位置。例如，要以选区左上角的点为参考点，单击图标使其显示为🔳即可。
- 如果要精确改变选区的位置，可以分别在X、Y数值框中键入数值。
- 如果要使键入的数值为相对于原选区所在位置移动的一个增量，单击"使用参考点相关定位"按钮🔺，可使其处于被按下的状态。
- 如果要精确改变选区的宽度与高度，可以分别在W、H数值框中键入数值。
- 如果要保持选区的宽高比，应该单击"保持长宽比"按钮🔗，使其处于被按下的状态。
- 如果要精确改变选区的角度，需要在"旋转"数值框中键入角度数值。
- 如果要改变选区水平及垂直方向上的斜切变形度，可分别在H、V数值框中键入角度数值。

在工具选项栏中完成参数设置后，可以单击"提交变换"按钮✔确认；如果要取消操作，可以单击"取消变换"按钮🚫。

▶ 3.6.2 存储选区

执行"存储选区"命令可以将一个创建好的选区保存起来，方便以后重复使用（以免在下次使用同一个选区时，再次花时间去重新定义）。

先建立一个选区，然后执行菜单"选择"→"存储选区"命令，打开如图3.66所示的"存储选区"对话框，在"名称"文本框中输入一个名称，单击"确定"按钮，即可存储该选区。

图3.66

▶ 3.6.3 载入选区

所谓"载入选区"就是将以前存储的选区拿出来使用，执行该命令前，必须保存过选区。

如果图像窗口中没有选区，执行菜单"选择"→"载入选区"命令，则会弹出如图3.67所示的对话框，在"通道"下拉列表中选择需要载入的选区名称，然后单击"确定"按钮即可载入。

如果图像窗口中已经有一个选区，执行菜单"选择"→"载入选区"命令，则会弹出如图3.68所示的对话框，允许执行载入选区和原有选区的加减交运算。在"操作"选项组中选择相应的选项即可。

图3.67

图3.68

3.7　通过路径创建选区

在Photoshop中，路径有两个作用，即制作选区与绘图。本节将针对路径的第一个作用进行详细介绍。关于路径的绘图功能，可以查看本书后面的章节。

使用路径制作选区具有以下优点：

● 路径以矢量形式存在，因此不受图像分辨率的影响。

● 路径具有灵活的可调性，更容易被调整与编辑。

● 使用路径能够制作出精确的选区。

▶ 3.7.1　路径的基本组成

路径是基于贝赛尔曲线建立的矢量图形，所有使用矢量绘图软件或者矢量绘图工具制作的线条原则上都可以被称为"路径"。

路径可以是一个点、一条直线或者一条曲线，除了点以外的其他路径均由锚点和锚点间的线段构成。如果锚点间的线段曲率不为0，则锚点的两侧还有控制手柄。锚点与锚点之间的相对位置关系决定了这两个锚点之间路径线的位置，锚点两侧的控制手柄控制该锚点两侧路径线之间的曲率。

图3.69所示为使用"钢笔工具"描绘的一条路径，路径线、锚点和控制手柄是其基本组成元素。

在路径中通常有三类锚点存在，即直角型锚点、光滑型锚点和拐角型锚点。

● 直角型锚点：如果一个锚点的两侧为直线路径线且没有控制手柄，则此锚点为直角型锚点。移动此类锚点时，其两侧的路径线将同时发生移动。图3.70所示的3个锚点均为直角型锚点。

● 光滑型锚点：如果一个锚点的两侧均有平滑的曲线形路径线，则该锚点为光滑型锚点。拖动此类锚点两侧的控制手柄中的一个时，另外一个会随之向相反的方向移动，路径线同时发生相应的变化。图3.71所示白箭头所指的就是光滑型锚点。

● 拐角型锚点：此类锚点的两侧也有两个控制手柄，但两个控制手柄不在一条直线上，而且拖动其中一个控制手柄时，另一个不会随之一起移动。图3.72所示白箭头所指的就是拐角型锚点。

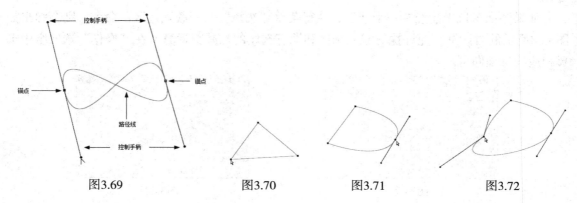

图3.69　　　　　图3.70　　　　　图3.71　　　　　图3.72

3.7.2 绘制路径

要绘制路径，应该使用以下两种工具，即"钢笔工具"和"自由钢笔工具"。选择两种工具中的任意一种，都需要在其工具选项栏中选择适当的绘图方式。以"钢笔工具"为例，其工具选项栏如图3.73所示，其中有3种方式可选。

- "形状"：可以绘制形状。
- "路径"：可以绘制路径。
- "像素"：直接绘制像素。

选择"钢笔工具"，在其工具选项栏中单击"几何选项"按钮，弹出如图3.74所示的"钢笔选项"面板，在此可以选择"橡皮带"选项。在"橡皮带"选项被选中的情况下，绘制路径时可以依据锚点与钢笔光标间的线段判断下一段路径线的走向。

图3.73　　　　　　　　　　　　图3.74

如果需要绘制一条开放型路径，可以在绘制至路径结束点处时按Esc键，退出路径的绘制状态。

如果需要绘制一条闭合型路径，必须使路径的终点与起点重合，即在路径绘制结束时将钢笔光标放置在路径起点处，此时在钢笔光标的右下角处将显示一个小圆圈，单击该处即可使路径闭合，如图3.75所示。

在绘制曲线型路径时，将钢笔光标的笔尖放在要绘制的路径的起点位置，单击以定义第一个点作为起始锚点。当单击确定第二个锚点时，按住鼠标左键并向某方向进行拖动，直到曲线出现合适的曲率。在绘制第二个锚点时控制手柄的拖动方向及长度决定了曲线段的方向及曲率，图3.76所示为曲线型路径的绘制过程。

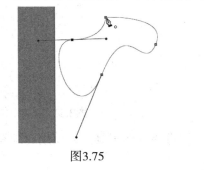 

图3.75　　　　　　　　　　　　图3.76

 确定第二个锚点时按住Shift键，可以绘制出水平、垂直或呈45°角的直线型路径。

3.7.3 编辑路径

在绘制路径的同时，即可对路径进行编辑。路径的编辑操作如下所述。

1．选择路径

要对当前路径进行编辑、描边、填充等操作，首先需要选择路径。若选择整条路径，可以在工具箱中选择"路径选择工具"，然后直接单击需要选择的路径将其选中。当整条路径处于选中状态时，路径线呈黑色显示，如图3.77所示。

如果要选择路径中的某一个路径线段，可以在工具箱中选择"直接选择工具"，然后单击需要选择的路径线段。使用这种方法选择曲线段时，曲线段两侧的锚点会显示出控制手柄，效果如图3.78所示。

要选择锚点，可以使用"直接选择工具"单击该锚点。如果需要选择的锚点不止一个，可以用拖动框选的方法进行选择，所选锚点显示为实心正方形，未选择的锚点显示为空心正方形，如图3.79所示。

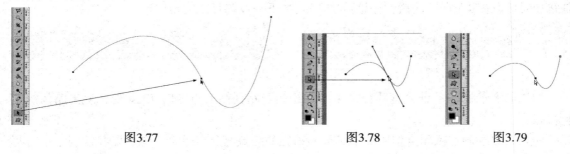

图3.77　　　　　　　　　图3.78　　　　　　　　图3.79

2．调整路径

如果要移动直线型路径，可以先选择"直接选择工具"，然后单击需要移动的直线线段并进行拖动。图3.80所示为此操作示意图。

如果要移动锚点，同样选择"直接选择工具"，然后单击并拖动需要移动的锚点，图3.81所示为此操作示意图。

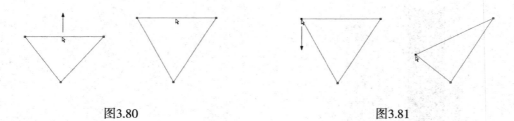

图3.80　　　　　　　　　　　　图3.81

如果要调整曲线型路径，先在工具箱中选择"直接选择工具"，使用此工具单击需要调整的曲线线段并进行拖动，如图3.82所示。

也可以拖动曲线线段上锚点的控制手柄以修改曲线型路径，如图3.83所示。

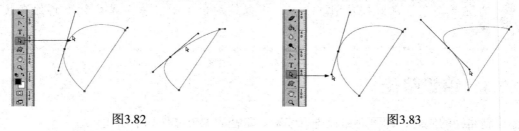

图3.82　　　　　　　　　　　　图3.83

3. 添加、删除和转换锚点

使用"添加锚点工具"和"删除锚点工具"可以从路径中添加或者删除锚点。这两个工具都出现在钢笔工具组中，如图3.84所示。

如果要添加锚点，选择"添加锚点工具"将鼠标指针放置在要添加锚点的路径上单击，如图3.85所示。

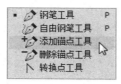

图3.84   图3.85

 单击时按住鼠标左键，然后进行拖动，可以添加光滑型锚点。直接单击则添加的是直角型锚点。

如果要删除锚点，选择"删除锚点工具"将鼠标指针放置在要删除的锚点上单击，如图3.86所示。

利用"转换点工具"可以将直角型锚点、光滑型锚点、拐角型锚点进行互相转换。

将光滑型锚点转换为直角型锚点时，可利用"转换点工具"单击此锚点，如图3.87所示。

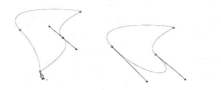
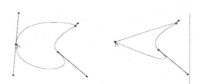

图3.86   图3.87

将直角型锚点转换为光滑型锚点时，可利用"转换点工具"单击并拖动此锚点。

利用"转换点工具"单击并拖动锚点，即可在锚点两侧得到控制手柄，从而将直角型锚点转换为光滑型锚点。

4. 变换路径

变换路径与变换图像、变换选区的操作没有本质上的不同，图3.88所示为原路径。

要对路径进行自由变换操作，只需在路径被选中的情况下按Ctrl+T组合键或者执行"编辑"→"变换路径"命令，然后拖动路径变换控制框的控制手柄即可，如图3.89所示。

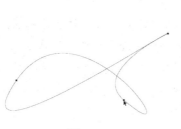
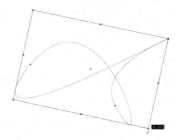

图3.88   图3.89

要进行精确操作，可以在路径变换控制框显示的情况下，在如图3.90所示的工具选项栏相应的数值框中键入数值。

图3.90

如果要对路径中的部分锚点执行变换操作，可以使用"直接选择工具"选中需要变换的锚点，然后执行"编辑"→"变换路径"命令下的各子菜单命令，如图3.91所示。

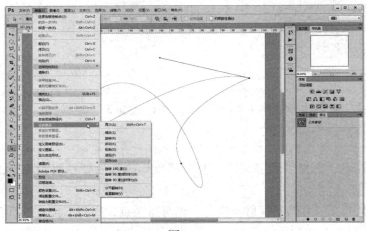

图3.91

 如果按住Alt键的同时执行"编辑"→"变换路径"命令下的各子菜单命令，可以复制当前操作路径，并对复制对象执行变换操作。

▶ 3.7.4 "路径"面板

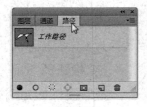

与"钢笔工具"配合使用的是"路径"面板，每一条路径都会显示在"路径"面板中，利用"路径"面板可以对路径进行填充、勾勒等操作，还可以新建、删除路径。

通常"路径"面板与"图层""通道"面板同时显示，如图3.92所示。

图3.92

此面板底部的各个按钮含义如下所述。

- "用前景色填充路径"按钮●：单击此按钮可用前景色填充路径。
- "用画笔描边路径"按钮○：单击此按钮可描边路径。
- "将路径作为选区载入"按钮▦：单击此按钮可将当前路径转换为选区。
- "从选区生成工作路径"按钮◇：单击此按钮可从选区建立工作路径。
- "添加图层蒙版"按钮▣：单击此按钮可添加图层蒙版或矢量蒙版。
- "创建新路径"按钮🗋：单击此按钮可新建路径。
- "删除当前路径"按钮🗑：单击此按钮可删除路径。

下面介绍有关"路径"面板的重要概念。

1．新建路径

单击"路径"面板底部的"创建新路径"按钮，可以建立空白路径项，通常路径项被命名为"路径1"，如图3.93所示。

以后所绘制的每一条路径均被保存在此路径项中，如图3.94所示。

如果希望新绘制的路径保存在不同的路径项中，可以创建多个路径项，并绘制不同的路径，如图3.95所示。

图3.93

图3.94

图3.95

如果"路径"面板中保存了多个路径项，则在同一时间内仅能选择一个路径项，以显示该路径项中保存的路径。

要选择路径项，可在"路径"面板中单击该路径项的名称，使其处于选中状态，则同时该路径项保存的全部路径都会被显示在图像中。

2．隐藏路径线

通常状态下，绘制的路径将以黑色线显示于当前图像中，这种显示状态会影响其他大多数操作。因此，可以通过按Esc键隐藏路径来隐藏路径线，去除这种干扰因素。

3．删除路径

"删除路径"的目的是删除路径项中保存的所有路径，在"路径"面板中选择某一路径后，直接单击面板底部的"删除当前路径"按钮，在弹出的对话框中单击"是"按钮，即可删除路径项。

如果需要删除某一条路径，可以用"路径选择工具"选择该路径后按Delete键。

4．复制路径

"复制路径"的目的是为了更快地得到一个与原路径相同的路径，在"路径"面板中选择某一路径后，将其拖动至"路径"面板底部的"创建新路径"按钮上，即可复制一条与原路径相同的路径。

如果需要复制某一条路径，可以使用"路径选择工具"选择该路径后，按住Alt键拖动路径，即可复制该路径。

3.7.5 将路径转换为选区

前面小节中已经详细介绍了如何使用"钢笔工具"创建需要的路径，按介绍的方法进行操作，得到围绕选择对象的路径后，再使用将路径转换为选区的方法，即可获得令人满意的选择区域。

要将路径转换为选区，可按以下步骤进行操作。

01 打开随书配套资源"素材\第3章\tin.jpg"文件。

02 使用"钢笔工具"绘制人物轮廓路径，如图3.96所示。

图3.96

> 如果在绘制路径时觉得看不清楚，把握不好细节，可以放大视图，然后通过按空格
> 键临时切换为"抓手工具"移动图像区域。

03 绘制完成人物轮廓的路径线之后，在"路径"面板中可以看到已经完成的"工作路径"。在图像上单击鼠标右键，在弹出的快捷菜单中执行"建立选区"命令，如图3.97所示。

图3.97

04 在弹出的"建立选区"对话框中，输入"羽化半径"值为1像素，同时选中"消除锯齿"复选框，然后单击"确定"按钮，如图3.98所示。

Photoshop会立即将路径转换为选区，如图3.99所示。

> 要将路径转换为选区，也可以单击"路径"面板底部的"将路径作为选区载入"
> 按钮，或单击"路径"面板右上角的面板按钮，在弹出的菜单中执行"建立选
> 区"命令。

图3.98   图3.99

3.8 编辑选区内的图像

在对选区内图像进行各种编辑操作时，有时会产生新的图层，因此，有必要先了解一下图层。

▶ 3.8.1 图层

Photoshop中的图层如同一张一张叠起来的透明纸，每张透明纸上都有不同的画面，可以透过图层的透明区域看到下面的图层。

执行菜单"窗口"→"图层"命令或按快捷键F7，打开"图层"面板，如图3.100所示。

"图层"面板中列出了图像中的所有图层、图层组和图层效果，每一个图层都可以进行独立的编辑和修改，而不会影响其他图层中的图像。

图3.100

可以通过"图层"面板来创建新图层、显示和隐藏图层、调节图层叠放顺序和图层的不透明度，以及图层混合模式等参数。

单击面板底部的"创建新图层" 按钮，可以新建一个空白图层；将已有的图层拖曳至"创建新图层"按钮上则可以复制该图层，也可以按Ctrl+J组合键复制图层，复制出来的图层和原图层的大小、位置、颜色都是一样的。

 背景图层总在最下层，并且是锁定的，在锁定状态下，图层不能移动位置。

▶ 3.8.2 删除选区中的图像

有时创建选区是要清除所选中部分的图像，删除选区中的图像操作非常简单，即执行菜单"编辑"→"清除"命令或按Delete键即可。

按Delete键删除选区内的图像时，有时候会自动弹出"填充"对话框，此时可以选择采用"内容识别"选项进行填充，如图3.101所示。选区中包含的是小花图像，在删除该图像并进行"内容识别"填充时，会产生什么变化呢？

单击"确定"按钮，可得到如图3.102所示的效果。

图3.101　　　　　　　　　　　　　　　　　图3.102

从中可以看出"内容识别"填充功能可以轻松删除选区中的图像并用其他内容替换，且与周边环境很好地融合在一起，被删除的图像看上去似乎本来就不存在。

▶ 3.8.3　剪切、复制和粘贴图像

Photoshop与其他应用程序一样提供了剪切、复制和粘贴等命令，让用户完成一些看似简单，实则繁杂的工作。

首先选择要剪切或复制的图像，然后执行菜单"编辑"→"复制"或"编辑"→"剪切"命令，组合键为Ctrl+C或Ctrl+X，再执行菜单"编辑"→"粘贴"命令即可，同时将自动生成一个新的图层。

 还有一个较为简单的方法，只需要使用"移动工具" ▶₊，在拖动选区内图像的同时按住Alt键，同样可以产生复制的效果。

▶ 3.8.4　合并复制、原位粘贴与贴入

"编辑"菜单还提供了"合并复制""原位粘贴"和"贴入"命令，这3个命令也用于复制和粘贴操作，但是它们不同于"复制"和"粘贴"命令，其功能如下所述。

- 合并复制：该命令用于复制图像中的所有图层，即在不影响图像的情况下，将选区范围内的所有图层均复制并放入剪贴板中，其组合键为Shift+Ctrl+C。
- 原位粘贴：执行菜单"编辑"→"选择性粘贴"→"原位粘贴"命令，则复制的图像将粘贴在原位置上。组合键为Shift+Ctrl+V。
- 贴入：使用该命令，必须先选取一个范围。当执行该命令后，粘贴的图像只显示在选择范围之内，并得到一个新的图层。组合键为Alt+Shift+Ctrl+V。

"贴入"命令可以用于无缝拼合图像，其操作步骤如下所述。

🔟 使用Photoshop打开随书配套资源"素材 \ 第3章 \ sun.jpg"和相同目录下的
dark.jpg素材图像。

🔟 选择打开的sun.jpg图像,按Ctrl+A组合键全选,然后按Ctrl+C组合键复制,如
图3.103所示。

图3.103

🔟 单击Photoshop文档窗口顶部标签切换到dark.jpg图像,使用"矩形选框工具"在
该图像的底部绘制一个矩形选区,然后执行"编辑"→"选择性粘贴"→"贴入"命令,
如图3.104所示。

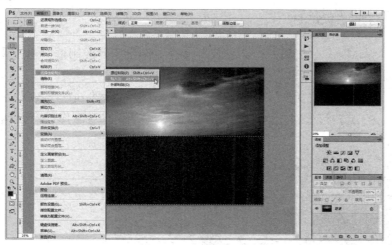

图3.104

 在绘制矩形选区之前,注意设置"矩形选框工具"的"羽化"值为10像素,这样可
以使贴入的图片和原图片之间的过渡更加平滑。

🔟 现在大地变成海洋,两张图片完美地拼合到了一起。贴入的图像会自动产生一个新
的图层。选择新贴入的图像,还可以随意移动它在选区内的位置,如图3.105所示。

图3.105

3.9　变换选定的对象

通过前面的介绍，已经掌握了变换选区的基本操作方法。实际上，在Photoshop中，可以对图层中的图像、选区、路径、智能对象以及文本内容等进行各种变换操作，除个别对象无法使用一部分变换功能外，各个变换方法的操作方法是完全相同的。本节将以变换图像为例，详细介绍各个变换操作的使用方法。

▶ 3.9.1　缩放与旋转

执行菜单"编辑"→"变换"→"缩放"命令，调出变换控制框，通过调整控制点，可以将图像缩小或变大，如图3.106所示。

执行菜单"编辑"→"变换"→"旋转"命令，然后将鼠标指针停在控制框外，当鼠标指针显示为"↷"旋转符号时，按下鼠标左键并拖动，可以对图像进行任何角度的旋转变形，如图3.107所示。

图3.106

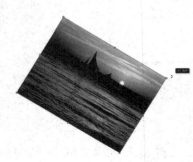

图3.107

任何一种变形命令，必须按Enter键确认之后才生效，按Esc键则取消变形。

3.9.2 变形

使用"变形"命令，可以对图像进行特定样式或较为随意的变形处理。执行菜单"编辑"→"变换"→"变形"命令时，可在工具选项栏的下拉列表中选择一种预设的变形样式，如图3.108所示。

使用预设的变形样式时，可以在工具选项栏中输入变形参数来调整变形效果，也可以直接拖动变形控制点进行变形。如果选择"变形"下拉列表中的"自定"选项，则可在对象上显示变形网格和控制点，调整网格和控制点的控制手柄可对对象进行更为自由的变形，如图3.109所示。

图3.108

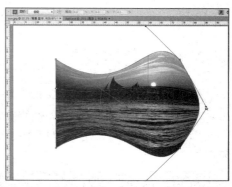

图3.109

3.9.3 自由变形

自由变形是一种集缩放、旋转、扭曲、透视、斜切、变形、水平翻转、垂直翻转等为一体的变形方式。使用自由变形的组合键是Ctrl+T，在默认情况下调整控制点表示自由缩放，停在控制框的外面出现的"↶"符号表示自由旋转，如需斜切或扭曲之类的变形操作，必须在控制框内单击鼠标右键，弹出如图3.110所示的快捷菜单，然后在菜单中执行需要的命令，接着在图像窗口中调整控制点即可，只要没有按Enter键确认，可以再次单击鼠标右键，在弹出的快捷菜单中执行相应命令。

图3.110

 在做缩放变形时，按住Shift键可以进行等比例的缩放。按住Ctrl键，把鼠标移动到控制点上可以做扭曲变形。按住Ctrl+Alt+Shift组合键，再把鼠标靠近控制点，可做透视变形。

▶ 3.9.4 翻转变形

图像的翻转变形分为两种：水平翻转和垂直翻转，操作方法如下所述。

01 如果要水平翻转图像，可以执行菜单"编辑"→"变换"→"水平翻转"命令。

02 如果要垂直翻转图像，可以执行菜单"编辑"→"变换"→"垂直翻转"命令。

执行翻转变形命令，可以轻松制作出一些双胞胎或倒影之类的特殊效果，如图3.111所示。

图3.111

▶ 3.9.5 斜切变形

执行菜单"编辑"→"变换"→"斜切"命令，然后将鼠标指针停在控制框的控制点上，对图像进行斜切变形，控制点停在靠角的控制点，只斜切一条边，如图3.112所示。

控制点停在中心点上，可以控制与这个中心点同一条线的3个控制点一起斜切，如图3.113所示。

图3.112   图3.113

▶ 3.9.6 扭曲和透视变形

执行菜单"编辑"→"变换"→"扭曲"命令，可以对图像进行扭曲变形，如图3.114所示。

执行菜单"编辑"→"变换"→"透视"命令，可以对图像进行透视变形，如图3.115所示。

图3.114 图3.115

▶ 3.9.7 精确的变换操作

"自由变换"命令可以对图像进行任意变形操作，但如果需要非常精确地控制变形，则必须配合工具选项栏一起使用，方能达到满意的效果。

对图像进行精确变换操作方法如下所述。

01 选中要做精确变换的图像，按Ctrl+T组合键调出自由变换控制框。

02 在"变换工具"选项栏中设置好各项参数，按Enter键完成变换，如图3.116所示。

图3.116

"变换工具"工具选项栏中的各项参数含义如下所述。

● 参考点位置▦：在▦中可以确定9个参考点位置。例如，要以图像左上角点作为参考点，单击▦使其显示为▦即可。

● 精确移动图像：要精确改变图像的水平位置，可分别在X、Y数值输入框中输入数值。如果要定位图像的绝对水平位置，直接输入数值即可；如果要使填入的数值为相对于原图像所在位置移动的一个增量，应该使△按钮处于激活状态。

● 精确缩放图像：要精确改变图像的宽度与高度，可以分别在W、H数值输入框中输入数值。如果要保持图像的宽高比，应该使▯按钮处于激活状态。

● 精确旋转图像：要精确改变图像的角度，需要在△数值输入框中输入角度数值。

● 精确斜切图像：要精确改变图像水平及垂直方向上的斜切变形，可以分别在H、V数值输入框中输入角度数值。在工具选项栏中完成参数设置后，可以单击✓按钮确认，如果要取消操作可以单击Ø按钮。

● 变形▣：单击该按钮，可以在"自由变形"和"变形"模式之间切换。当▣按钮处于激活状态时，可以从"变形"下拉列表中选择适当的形状选项（如波浪）进行相应的变形操作。

▶ 3.9.8 再次变换

如果需要对多个对象进行同一变换操作，或者需要对同一对象分次进行相同的变换

操作，则可以在进行过该变换操作后，执行菜单"编辑"→"变换"→"再次"命令或按
Ctrl+Shift+T组合键，以相同的参数值再次对当前操作图像进行变换操作。

如果在执行该命令时按住Alt键，则可以对被操作图像进行变换的同时进行复制，当需
要制作多个副本的连续变换操作效果，此操作可以十分有效地提高工作效率。下面以一个简
单的实例介绍此操作。

01 按Ctrl+N组合键新建一个图像文件，使用"椭圆选框工具"在图像中创建一个椭圆
选区，如图3.117所示。

02 按快捷键F7，打开"图层"面板，单击面板底部的"创建新图层" 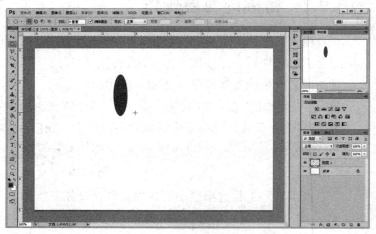 按钮，新建图
层1，然后设置前景色为红色，按Alt+Backspace组合键为选区填充前景色，并按Ctrl+D组
合键取消选区，如图3.118所示。

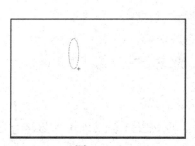

图3.117

图3.118

03 按Ctrl+T组合键调出自由变换控制框，将椭圆的中心点移至其下方，然后在工具选项
栏中设置旋转角度为20，将椭圆旋转20°，如图3.119所示。

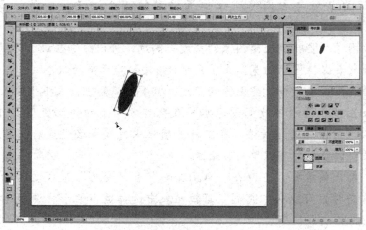

图3.119

04 按Enter键应用变换，然后不断按Shift+Ctrl+Alt+T组合键，即可得到连续复制的图像
效果，如图3.120所示。

图3.120

▶ 3.9.9 操控变形

操控变形是一项很有趣的功能，它提供了一种可视的网格，借助该网格，可以随意地扭曲特定图像区域的同时保持其他区域不变。应用范围小至精细的图像修饰（如发型设计），大至总体的变换（如重新定位肢体动作等）。

下面以一个简单的实例来介绍此功能。

01 使用Photoshop打开随书配套资源"素材 \ 第3章 \ t542.psd"文件，并按F7键打开"图层"面板，如图3.121所示。

02 在"图层"面板中选择"图层1"图层，执行菜单"编辑"→"操控变形"命令，这时在整个人物上出现如图3.122所示的网格。

图3.121

图3.122

03 设置"操控变形"工具选项栏中的参数，如图3.123所示。

图3.123

该工具栏选项中的可选参数如下所述。

- 模式：确定网格的整体弹性，其中有"刚性""正常"和"扭曲"3个选项。
- 浓度：确定网格点的间距。较多的网格点可以提高精度，但需要较多的处理时间，较少的网格点则相反。
- 扩展：扩展或收缩网格的外边缘。当数值变小时网格将收缩；当数值变大时网格将扩展。
- 显示网格：默认为显示网格，如果取消选中，则可以只显示调整图钉，从而显示更清晰的变换预览。要临时隐藏图钉可按H键。

图3.124

04 将鼠标指针移至网格上，当鼠标变为 形状时，单击鼠标便可添加图钉，拖动添加的图钉，图像将整体移动。添加多个图钉之后，拖动某个图钉则可以修改局部图像。例如，使用两个图钉固定双肩之后，在头顶再添加一个图钉就可以调整头部姿势，由后仰变成正向，如图3.124所示。

要调整图钉的位置或移去图钉，可以执行以下任意操作。

- 拖动图钉对网格进行变形。
- 要移去选定图钉，可按Delete键。要移去其他图钉，可将光标放在这些图钉上，然后按Alt键，当光标变为 时，单击即可将图钉删除。
- 单击选项栏中的"移去所有图钉" 按钮，可删除所有图钉。

 要选择多个图钉，可按住Shift键的同时单击这些图钉。

05 要围绕图钉旋转网格，可选中该网格，然后执行以下操作。

- 要按固定角度旋转网格，可按Alt键，然后将光标放置在图钉的附近，但不要放在图钉的上方。当出现圆圈时，拖动以直观地旋转网格。旋转的角度会在选项栏中显示出来。
- 要根据"模式"选项自动旋转网格，可从选项栏的"旋转"菜单中选择"自动"选项。

06 在选项栏中单击"取消操控变形" 按钮，可取消应用操控变形。单击"提交操控变形" 按钮或按Enter键，可以确定操控变形结果。本实例通过"操控变形"改变了模特原来的站姿体态，最终效果如图3.125所示。

图3.125

3.10　思考与练习

1．填空题

（1）设定选择范围的羽化值，可以在选择范围的边缘产生_____效果。

（2）按住_____键，可以在图像中创建正方形或圆形的选区。

（3）取消选区的快捷方式是_____。

2．选择题

（1）任何一种变形命令，必须按_____快捷键确认之后才生效。

　　A. Shift　　　　B. Ctrl　　　　C. Enter　　　　D. Esc

（2）自由变形的组合键是_____。

　　A. Shift +T　　B. Ctrl+T　　　C. Alt+T　　　D. 以上都不是

（3）添加选区的按钮图标是_____。

　　A. ▫　　　　B. ▣　　　　C. ▣　　　　D. ▣

3．问答题

（1）"自由变形"和"内容识别比例"变换有何区别？

（2）"操控变形"命令有何特点？如何使用？

4．上机练习

请打开随书配套资源中的"素材 \ 第3章 \ exec.jpg"（如图3.126所示），利用"多边形套索工具"或"路径工具"抠出人物并添加背景。

图3.126

第4章 颜色模式的应用和管理

>> 本章导读

　　本章主要通过介绍Photoshop中的颜色模式和转换等，使读者了解色彩在图像编辑和创作中的表现技巧，帮助读者掌握在Photoshop中管理和应用颜色的能力。

>> 学习要点

- 颜色的基本概念
- 色相、明度与饱和度
- 三原色与色彩混合
- 颜色模式
- 颜色模式的相互转换
- 颜色的选取
- 填充与描边

4.1 了解色彩的原理

　　颜色构成是平面设计三大构成中必不可少的一个，由此不难看出颜色对于视觉艺术的重要性。相对于物体其他特征，颜色是最容易被人的视觉所感知的，因此颜色不仅在绘画中被称为第一视觉语言，在现代设计和数码照片制作中也是最重要的构成元素之一。

　　不同颜色所表达的情感是截然不同的，并能激发不同的联想与感受。如果希望简单地将颜色与视觉艺术的关系介绍清楚，那么"颜色会影响人的心理感受，进一步影响人对于视觉作品的欣赏角度、方式与态度"是最为贴切的语句之一。显然，人们的审美都是基于心理活动的，因此人们对于视觉作品的欣赏实际上就是心理活动的外在表露。

　　从这一点来看，要掌握关于颜色的各类理论知识，最直接的方法就是从颜色对于人们心理的影响入手，这也是本章在介绍有关颜色理论时的主线，下面简单列举颜色在设计中的应用。

　　利用颜色产生基本心理感受：红色使人激奋，蓝色使人沉静，绿色使人感受到生机，黑色使人感受到肃穆、沉稳，这些颜色的基本属性能够使人产生基本的心理感受。

　　利用颜色产生冷暖感：红色、黄色等颜色能够产生温暖的感觉，而蓝色、青色会产生冰冷的感觉，这在许多设计中很常见。

　　利用颜色产生轻重感：饱和度大的深色在视觉上比饱和度小的浅色看上去更重一些，反之亦然。

　　已经有许多大部头著作深入探讨了颜色与视觉艺术创作的关系，在此仅以有限的文字与篇幅来介绍一些作为初学者应该了解的知识。另外，本书是一本黑白印刷的图书，在色彩表现方面存在很大的障碍，无法插入许多彩色图示，因此如果各位读者希望深入学习有关颜色理论方面的知识，可以参考相关专著。

▶ 4.1.1 光与色彩

　　现代物理学证实，色彩是光刺激眼睛再传到大脑的视觉中枢而产生的一种感觉。

众所周知，人们所见到的大部分物体是不发光的。如果在黑暗的夜里，或者是在没有光照的条件下，这些物体是不能被看到的，更不可能知道它们是什么颜色。可以想象一下，如果没有光，一切有关色彩的感觉就会完全丧失。人们只有凭借光才能看见物体的形状与色彩，从而认识客观世界。因此，光和色彩是分不开的，而且光是色彩的先决条件。

比如在自然光照下看到的国旗是红色的，这是由于国旗表面吸收了除红色之外的其他色光，而主要反射红色光所致。红色便成了该物体的本色，即常言的"固有色"概念，而通常把这种"固有色"特别命名为物体色。物体色是识别自然界各种物体的第一个根据。例如，柠檬的物体色是柠檬黄，草的物体色是绿色，石膏像的物体色是白色等。

▶ 4.1.2　色彩的意象

当看到颜色时，除了会感受到其物理方面的影响外，心里也会立即产生某种感觉，这种感觉被称为"色彩意象"。下面简单介绍几种常见、常用颜色的色彩意象。

- 红色：是一种热情奔放、活力四射的暖色。它象征了欢乐、祥和、幸福，如表示喜庆的灯笼、喜字、彩带等；同时也象征了革命与危险，容易使人产生焦虑和不安，如各类警示牌的颜色、消防车的颜色等。

- 黄色：也是一种暖色，在其色系中金黄色象征着财富与辉煌，是历代帝王的专用颜色，也象征着权力和地位。黄色是各种颜色中最容易改变的一种颜色，在其中少量混入其他任何一种颜色，都会使其色相发生较大程度的变化。

- 橙色：可见度相当高，因此在工业安全用色中常被用于警戒色，如火车头、登山服装、背包、救生衣等。

- 蓝色：是最容易使人安静下来的冷色，在商业领域中强调科技、效率的商品或者企业形象时大多选用蓝色作为标准色，如计算机、汽车、影印机、摄影器材等。在情感上蓝色有一种忧郁的感觉，因此也常被运用在感性诉求的商业设计中。

- 绿色：是一种最接近自然的颜色，象征着生命、成长与和平，是农、林、畜牧业的象征颜色。在商业设计中绿色传达出清爽、希望、生长的意象，因此符合服务业、卫生保健业的形象诉求，常被用在这些领域的商业设计中。

- 紫色：很容易产生高贵、典雅、神秘的心理感受，具有强烈的女性化特征，较受女士们的喜爱，因为紫色系的颜色能更好地衬托出她们的迷人和娇艳。

- 白色：给人寒冷、严峻的感觉，纯白色的使用情况不太多，通常在使用白色时都会掺杂一些其他颜色，如常见的象牙白、米白、乳白、苹果白等。白色是一种较容易搭配的颜色，是永远流行的主色之一，可以与其他任何颜色搭配使用。

- 黑色：给人高贵、稳重的感觉，生活用品和服饰设计大多利用黑色来塑造高贵的形象。另外，黑色也是一种永远流行的主色，适合与其他任何颜色搭配使用。

- 灰色：具有柔和、高雅的感觉，属于典型的中性色，男女老少都很容易接受，因此灰色也是流行色之一。在使用灰色时也应该与其他颜色一起搭配使用，这样才不会在颜色方面显得单调。

▶ **4.1.3 颜色的通感**

1．颜色的冷暖感

人们对颜色的冷暖感受不是先天形成的，而是后天的经验积累。例如，每当看到火红的太阳与橙红色的火焰时都能够感受到其自身发出的热量，每当身处皑皑白雪与蓝色的大海边时都会感受到凉爽等，这些感受经过一段时间的积累后就形成了后天的条件反射，从而使人们在看到红色、橙色、黄色时从心里感觉到温暖。同样，当人们看到青色、蓝色、绿色、白色时会感觉到凉意。

如果要深究为什么这些颜色会使人感受到冷暖，可以从人的生理这个角度进行分析。当人们看到红色、橙色、黄色时，血压会升高，心跳也会加快，因此会产生热的心理感受；当人们看到蓝色、绿色、白色时，血压会降低，心跳也会变慢，因此会产生冷的心理感受。

2．颜色的进退与缩胀感

从色相方面来看，暖色给人前进、膨胀的感觉，而冷色则给人后退、收缩的感觉。

从明度方面来看，明度高给人前进、膨胀的感觉，而明度低则给人后退、收缩的感觉。

从纯度方面来看，纯度高给人前进、膨胀的感觉，而纯度低则给人后退、收缩的感觉。

3．颜色的轻重与软硬感

决定颜色轻重感觉的主要因素是明度。明度高的颜色感觉轻，明度低的颜色感觉重。纯度也能够影响颜色的轻重感觉，纯度高给人感觉轻，而纯度低则给人感觉重。

同样，不同的颜色还能够给人不同的软硬感。一般情况下，轻的颜色给人感觉较软，而重的颜色给人感觉较硬。

4．颜色的华丽与朴素感

从色相方面来看，暖色给人华丽的感觉，而冷色则给人朴素的感觉。

从明度方面来看，明度高给人华丽的感觉，而明度低则给人朴素的感觉。

从纯度方面来看，纯度高给人华丽的感觉，而纯度低则给人朴素的感觉。

5．使用颜色表现味觉

在平面设计中，如果设计作品的内容是食品，则客户通常会要求设计师在设计时充分考虑颜色对表现食品味觉方面的影响。

简单总结起来，在使用颜色表现味觉时具有以下一些规律。

● 红色的水果通常给人甜美的味觉回忆，因此红色用在设计中能够传递甘甜的感觉。

● 中国传统节日的主要用色为喜庆的红色，因此在食品、烟、酒上使用红色能够表现喜庆、热烈的感觉。

● 火辣辣是人们通常形容食品过于辣的词汇，因此在表现辣味时也通常使用红色，例如超市中经常可以看到红色包装设计的辣椒酱。

● 刚烘焙出炉散发着诱人香味的糕点通常为黄色，因此表现烘焙类食品的香味时多用黄色。

● 橙黄色能够传递甜而略酸的味觉，让人联想到橙子。

- 如果希望表现嫩、脆、酸等味觉，一般可以使用绿色系列。
- 深棕色（俗称咖啡色）是咖啡、巧克力一类食品的专用色。

▶ 4.1.4 颜色的基本属性

自然界中的颜色可以分为非彩色和彩色两大类。非彩色指黑色、白色和各种深浅不一的灰色，而其他所有颜色均属于彩色。任何一种彩色都具有以下3种属性。

1．色相

色相是色彩的相貌，即色彩的种类和名称。例如红、橙、黄、绿、蓝和紫色每个字代表一个具体的色相，如图4.1所示。

需要注意的是：色相是由波长决定的，比如粉红色、暗红色和灰红色是同一色相（红色色相），只是彼此明度和纯度不同而已。

2．明度

明度也称为亮度，指色彩的明暗程度，体现颜色的深浅，是全部色彩都具有的属性，最适合表现物体的立体感和空间感。黄色最亮，即明度最高；蓝色最暗，即明度最低。不同明度的色彩给人的印象和感受是不同的。简单的明度色标如图4.2所示。

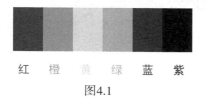

红 橙 黄 绿 蓝 紫

图4.1

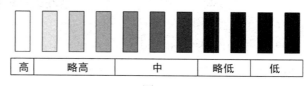

图4.2

一般情况下，把明度低于4°的颜色叫暗色，明度高于7°的颜色叫明色，4°～7°的色叫中明色。在其他颜色中加入白色，可提高混合色的明度，加入黑色则作用相反。

3．饱和度

饱和度也叫纯度，指颜色的纯洁程度，也可以说色相感觉鲜艳或灰暗的程度。光谱中红、橙、黄、绿、蓝和紫等色都是纯度最高的光。任何一个色彩加入白、黑或灰都会降低它的纯度，含量越多纯度就越低。在一个大红色里逐步添加白色或者黑色，这个大红色就会变得不像以前那么艳丽了，这是因为它的纯度下降了，如图4.3所示。非彩色不带任何色彩倾向，纯度为0。

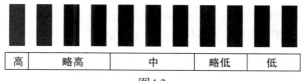

图4.3

▶ 4.1.5 三原色和印刷色

1．三原色

不能用其他颜色混合而成的色彩叫原色，用原色却可以调配出其他颜色。

当用放大镜近距离观察计算机显示器或电视机的屏幕时，会看到数量极多的红、绿、蓝3种颜色的小点。计算机屏幕上的所有颜色都由红、绿、蓝3种色光按照不同的比例混合而成的，因此红色、绿色、蓝色又称为三原色光，用英文表示就是R（Red）、G（Green）、B（Blue）。把这3种原色交互重叠，就产生了次混合色：青（Cyan）、洋红（Magenta）、黄（Yellow），如图4.4所示。

　　屏幕上显示的所有颜色和图像都是由红、绿、蓝三种原色光混合而成的。

　　下面做一个小实验，在Photoshop中打开一幅图像，然后按F8键打开"信息"面板，将鼠标指针移至图像上，这时在"信息"面板中会显示当前像素的颜色值，如图4.5所示。

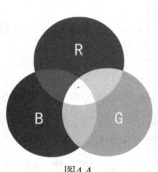

图4.4

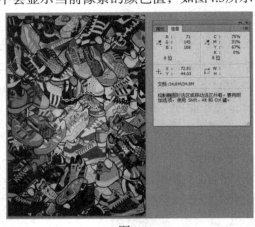

图4.5

　　如果在图像中移动鼠标指针，会看到其中的数值在不断地变化。当移动到蓝色区域时，会看到B的数值高一些；移动到红色区域时则R的数值高一些。

　　因此，图像中的任何一种颜色都可以由一组RGB值来记录和表达。可以用字母R、G、B加上各自的数值来表达一种颜色，如R255、G255、B0或r255g255b0，表示黄色。

　　当然，还可以用十六进制的数值表示RGB的颜色值。RGB每个原色的最小值是0，最大值是255，如果换算成十六进制表示，就是（#00），（#FF）。比如黄色的RGB（255，255，0），就用#ffff00表示；黑色的RGB(0，0，0)，就用#000000表示。

2．印刷色四原色

　　物理学家大卫·鲁伯特的研究发现，染料的原色只有品红、黄和青三种颜色。其他所有颜色都是由这三种颜色的混合而成的。M表示品红，Y表示黄色，C表示青色。这些颜色不仅在水粉色和油画色中常见，也广泛应用于染料和涂料等领域，如图4.6所示。

　　法国染料学家席弗通过广泛的染料混合实验，验证了物理学家大卫·鲁伯特的理论，即所有颜色都可以通过品红、黄和青三种原色的组合来生成。这一发现随后被广泛接受并成为了色彩理论的基础。

　　精美印刷品通常是使用原色版印刷油墨制作的，它们属于物质性颜料。除了传统的三原色：品红、黄、蓝，印刷中还加入了一种专门的黑色（K），形成了印刷的四原色。

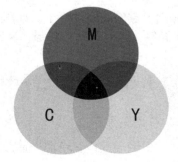

图4.6

4.1.6 颜色的搭配

在设计的过程中除需要考虑色彩意象外，还要掌握颜色的搭配技巧。只有综合使用不同色相、明度、色度的颜色，才能够表达出各种丰富的视觉感受。下面就几种常见的颜色搭配进行介绍。

1．红色与其他颜色的常见搭配

在红色中加入少量的黄色，会使其表现的暖色感觉升级，产生浮躁、不安的心理感受。

在红色中加入少量的蓝色，会使其表现的暖色感觉降低，产生静雅、温和的心理感受。

在红色中加入少量的白色，会使其明度提高，产生柔和、含蓄、羞涩、娇嫩的心理感受。

在红色中加入少量的黑色，会使其明度与纯度同时降低，产生沉重、质朴、结实的心理感受。

2．黄色与其他颜色的常见搭配

在黄色中加入少量的红色，会使其倾向于橙色，产生活泼、甜美、敏感的心理感受。

在黄色中加入少量的蓝色，会使其倾向于一种稚嫩的绿色，产生娇嫩、润滑的心理感受。

在黄色中加入少量的白色，会使其明度降低，产生轻松、柔软的心理感受。

3．绿色与其他颜色的常见搭配

在绿色中加入少量的黑色，可以产生稳重、老练、成熟的心理感受。

在绿色中加入少量的白色，可以产生洁净、清爽、娇嫩的心理感受。

4．紫色与其他颜色的常见搭配

在紫色中红色的成分较多时，会使其压抑感与华丽感并存，不同的表现手法与搭配技巧产生的效果也有所不同。

在紫色中加入少量的黑色，会使其感觉趋于沉闷、悲伤和恐怖。

在紫色中加入白色，会明显提高其明度，使其产生风雅、别致、娴静的心理感受，是一种明显的女性颜色。

5．白色与其他颜色的常见搭配

在白色中加入少量的红色则成为淡粉色，给人以浪漫、轻柔的心理感受。

在白色中加入少量的黄色则成为乳黄色，给人香甜、细腻的心理感受。

在白色中加入少量的蓝色，给人凉爽、舒缓的心理感受。

可以看出，细微的颜色变化可以使人产生无数联想，加上组合搭配就会使其传达的信息更加丰富、微妙。如果想得到更好的画面效果，就要依赖于个人的艺术修养、自我感觉以及经验与想象力，希望读者在制作中细心体会。

4.1.7 计算机中的颜色表现

1．用计算机表现颜色

用计算机表现颜色存在着客观的数理基础。例如，如果只有两种颜色，即黑色、白色，可以分别用"0"和"1"来代表它们。如果一个图像的某一点是白色，将它记录为"1"并存储起来；反之，如果是黑色则记录为"0"。当需要重现这幅图像时，计算机根据此点的代号"1"或者"0"，将其显示为白色或者黑色。

虽然这里所举的例子较为简单，但用计算机表现两种颜色与表现千万种颜色的基本原理是一样的。从这一点可以看出，用计算机表现颜色存在着客观的数理基础。

2．颜色位数

需要在使用计算机的过程中了解什么是颜色位数，这有助于判断颜色的显示数量。

正如所知，计算机对数据的处理是二进制的，"0"和"1"是二进制中所使用的数字。要表示两种颜色，最少可以用1位来实现，一种对应"0"，另一种对应"1"；如果希望表示四种颜色，至少需要2位来表示，这是因为2^2=4，依此类推。要显示256种颜色则需要8位，而以24位来显示颜色，则可以得到通常意义上的千万层级"真彩色"。因为24位色已经能够如实反映颜色世界的真实状况，虽然自然界中的颜色远远不止24位色所包括的颜色，但是人眼所能分辨出的颜色仅限于此范围之内，所以从观察的角度来看，更多的颜色没有实际意义。

3．屏幕分辨率和显卡显存

通过对颜色位数及屏幕分辨率的了解，进一步理解屏幕分辨率、颜色数目和显卡显存之间的关系就相对容易了很多。屏幕分辨率实际上是由屏幕上像素点的数目来确定的。要使像素正确显示颜色，则必须占用一定的显存空间。因此，显卡显存的数目由屏幕上的像素数与每个像素占用字节数的乘积所决定。

对于24位色，每个基色用8位（即1个字节）来表示，即一种颜色是由3个字节确定的。因此，所需显存的数目可以通过屏幕像素数目和3的乘积来确定。

一般来说，显卡的显存以MB（兆字节）为单位，因此，要在800像素×600像素的屏幕上显示真彩色，需要2MB显存；要在1024像素×768像素的屏幕上显示真彩色，则需要3MB显存。在购买显卡时可以根据此原理估算显卡的显存是否能够满足需要。

4.2 关于颜色模式

颜色模式不仅能够影响在图像中显示的颜色数量，还影响图像文件的大小，因此必须了解并掌握Photoshop中的颜色模式。正确的颜色模式可以提供一种将颜色转换成数字数据的有效方法，从而使颜色在多种操作平台或者媒介中得到一致的描述。

每个人的经历与审美趣味都不同，自然对颜色的感觉也不尽相同。比如，对于一个有红绿色盲的人来说，他无法区分红色和绿色；而当提到墨绿色时，由于不同人具有对此颜色的不同感受，在表现此颜色时也各不相同。所以，如果要在不同人中协同工作，必须将每一种颜色量化，从而使这种颜色在任何时间、任何情况下都显示相同的颜色。

以墨绿色为例，如果以（R:34、G:112、B:11）来定义此颜色，则即使使用不同平台且由不同人操作，也可以得到一致的颜色。只是由于不同的人所使用的软件或者显示器不同，这种颜色看上去可能会不太相同，但如果排除这些客观因素，这种由数据定义颜色的方法保证了不同的人有可能得到相同的颜色。

在Photoshop中要准确地定义一种颜色，必须通过颜色模式来实现。选择不同的颜色模式决定了在表现图像时采取什么样的定义方法。

例如，HSB颜色模式以色相、饱和度、亮度等数值来定义颜色；RGB颜色模式以红、绿、蓝3种颜色的颜色数值来定义颜色；CMYK颜色模式以印刷时所使用的青、洋红、黄、黑等墨量来定义颜色。不同的定义方法适用于不同的工作领域，因此掌握下面介绍的各种颜色模式理论，就能够在工作中准确定义颜色。

▶ 4.2.1 位图模式

位图（bitmap）模式的文件只使用两种颜色值（即黑色和白色）表示图像中的颜色，因此位图模式下的图像也叫做黑白图像或者1位图像。此类图像要求的存储空间很少，但由于无法表现颜色丰富的画面，因此仅用于一些黑白对比强烈的图像。

要将图像转换成为位图模式，首先需要执行"图像"→"模式"→"灰度"命令，将其转换为灰度模式，然后再执行"图像"→"模式"→"位图"命令，在弹出的对话框中进行适当的参数设置即可，以图4.7所示的原图像为例，图4.8所示为只能显示黑色和白色的位图图像。

图4.7

图4.8

▶ 4.2.2 灰度模式

灰度模式的图像由8BPP的信息组成，并使用256级的灰色来模拟颜色的层次。图像的每个像素都有一个0~255之间的亮度值。

将彩色图像转换成灰度图像，Photoshop会删除原图像中的所有颜色信息，被转换的像素用灰度级表示原像素的亮度。

和位图模式相比，灰度模式的图像要更加精致一些，在由彩色图像转换为灰度图像之后，不会产生明显的黑白颗粒，如图4.9所示。

图4.9

▶ 4.2.3 双色调模式

双色调模式使用2~4种彩色油墨创建双色调（两种颜色）、三色调（三种颜色）和四色调（四种颜色）灰度图像。这些图像是8BPP（位/像素）的灰度、单通道图像。

要转换为双色调模式，也需要先转换为灰度模式，然后再选择双色调模式。Photoshop提供了很多双色调预设选项，可以帮助快速将图片修改为各种双色调特效（例如怀旧照片效果），如图4.10所示。

图4.10

▶ 4.2.4 索引颜色模式

索引颜色模式是单通道图像模式，使用256种颜色来表现图像，在这种模式中只能应用有限的编辑。当将一幅其他颜色模式的图像转换为索引模式时，Photoshop会构建一个颜色查找表（CLUT），它存放并索引图像中的颜色。如果原图像中的某种颜色没有出现在颜色表中，Photoshop会选取已有颜色中最相近的颜色或者使用已有颜色模拟该颜色。

要得到索引模式的图像，可以按下面的步骤进行操作。

01 执行"图像"→"模式"→"灰度"命令，在弹出的提示对话框中单击"确定"按钮。

02 执行"图像"→"模式"→"索引颜色"命令，将图像转换成为索引模式。

03 执行"图像"→"模式"→"颜色表"命令，弹出如图4.11所示的对话框，在其中选择不同的索引颜色表，用来定义生成的索引模式的图像效果。

通过限制调色板中颜色的数量，可以减小索引模式图像文件的大小，同时保持视觉上图像的品质基本不变，因此索引模式的图像常用于网页。

图4.11

4.2.5 RGB颜色模式

自然界中的各种颜色都可以在计算机中显示，但其实现方法却非常简单。正如颜色是由红色、绿色和蓝色3种基色构成，计算机也正是通过调和这3种颜色来表现其他成千上万种颜色的。

计算机屏幕上的最小单位是像素点，每个像素点的颜色都由这3种基色来决定。通过改变每个像素点上每种基色的亮度，可以实现不同的颜色。例如，将3种基色的亮度都调整为最大就形成了白色；将3种基色的亮度都调整为最小就形成了黑色；如果某一种基色的亮度最大，而其他两种基色的亮度最小，可以得到基色本身；而如果这些基色的亮度不是最大也不是最小，则可以调和出其他成千上万种颜色。

这种基于三原色的颜色模式被称为RGB模式。RGB模式分别是红色、绿色和蓝色这3种颜色英文的首字母缩写。由于RGB颜色模式为图像中每个像素的R、G、B颜色值分配一个0～255范围内的强度值，因此可以生成超过1 670万种颜色。

4.2.6 CMYK颜色模式

CMYK颜色模式以打印在纸张上的油墨的光线吸收特性为理论基础，是一种印刷所使用的颜色模式，由分色印刷时所使用的青色（C）、品红（M）、黄色（Y）和黑色（K）这4种颜色组成。由于这4种颜色能够通过合成得到可以吸收所有颜色的黑色，因此使用CMYK生成颜色的模式也被称为减色模式。

虽然在理论上C、M、Y这3种颜色等量混合应该产生黑色，但由于所有打印油墨都会包含一些杂质，因此这3种油墨进行混合实际上产生的是一种土灰色，必须与黑色（K）油墨相混合才能产生真正的黑色，四色印刷色也正是由此而得名。

4.2.7 Lab颜色模式

Lab色彩模型是由亮度（L）和有关色彩的a、b三个要素组成。L表示亮度（luminosity），

a表示从洋红色至绿色的范围，b表示从黄色至蓝色的范围。L的值域由0到100，L=50时，就相当于50%的黑；a和b的值域都是+127~−128，其中+127a就是洋红色，渐渐过渡到−128a的时候就变成绿色；同样原理，+127b是黄色，−128b是蓝色。所有颜色就由这三个值交互变化组成。例如，一块色彩的Lab值是L=100，a=30, b=0, 这块色彩就是粉红色。Lab颜色定义示意图如图4.12所示。

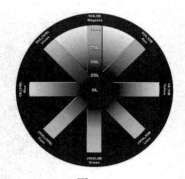

图4.12

Lab颜色模式是Photoshop在不同颜色模式之间转换时所使用的内部格式。例如，当Photoshop从RGB颜色模式转换为CMYK颜色模式时，它首先会把RGB颜色模式转换为Lab颜色模式，再从Lab颜色模式转换为CMYK颜色模式。

如果只需要改变图像的亮度而不影响其他颜色值，可以将图像转换为Lab颜色模式，然后在L通道中进行操作。

Lab颜色模式最大的优点是与设备无关的特性，无论使用什么设备（如显示器、打印机、计算机或者扫描仪）制作或者输出图像，这种颜色模式产生的颜色都可以保持一致。

▶ 4.2.8 多通道模式

多通道模式对有特殊打印要求的图像非常有用。例如，如果图像中只使用了一两种或两三种颜色时，使用多通道模式可以减少印刷成本并保证图像颜色的正确输出。

4.3 颜色模式的相互转换

在Photoshop中可以轻松实现各种颜色模式的相互转换。转换的方法是执行"图像"→"模式"子菜单命令，然后选择所需的颜色模式即可。

▶ 4.3.1 选择合适的颜色模式

在进行图像设计时所选择的颜色模式需要根据设计的目的而定。

如果设计的图像要在纸上打印或者印刷，最好用CMYK模式，这样在屏幕上所看见的颜色与输出打印颜色或者印刷颜色比较接近。

如果设计的图像用于屏幕显示（如网页、计算机投影、录像等），图像的颜色模式最好用RGB模式，因为RGB模式的颜色更鲜艳、丰富，且图像只有3个通道，数据量比较小。

如果图像是灰色的，则用灰度模式较好，因为即使是用RGB或者CMYK模式制作图像，虽然在视觉上图像是灰色的，但很可能在印刷时会由于灰平衡使灰色图像产生色偏。

▶ 4.3.2 转换颜色模式

在工作中通常要不断地转换颜色模式，因为不同的颜色模式具有不同的色域及表现特点，一般会选择与需要的图像及其输出途径最为匹配的颜色模式。

将图像从一种模式转换为另一种模式，可能会永久性地损失图像中的某些颜色值。例如，将RGB模式的图像转换为CMYK模式的图像时，CMYK色域之外的RGB颜色值会经调整落入CMYK色域内，即其对应的RGB颜色信息可能丢失。

- 在转换图像前，应该执行以下操作，以阻止转换颜色模式所引起的不必要的损失。
- 在图像原来的模式下，进行尽可能多的编辑工作，然后再进行转换。
- 在转换之前保存一个备份。
- 在转换之前拼合图层，因为当颜色模式更改时，图层间的混合模式相互影响的效果可能会发生改变。

当前图像不可使用的颜色模式在菜单中以灰色显示不可激活。

▶ 4.3.3 RGB模式与CMYK模式的转换

当图像由RGB模式转换到CMYK模式时，肉眼就能够在屏幕中观察到图像中某些局部的颜色产生了明显的变化，通常是一些鲜艳的颜色会变成较暗淡的颜色。

这是因为有些在RGB模式下能够表示的颜色在转换为CMYK模式后，就超出了CMYK所能表达的颜色范围，于是Photoshop将这些颜色用相近的颜色进行替代，从而使这些颜色所在的区域发生了较为明显的变化。

实际上，如果希望在RGB模式下查看是否有颜色超出了用于印刷的CMYK色域，可以执行"视图"→"色域警告"命令，此时如果图像的颜色超出色域，则会显示为灰色，如图4.13所示。

图4.13

4.4 选择颜色

色彩作为最先吸引人们视线的特殊视觉要素，在设计中起着非常重要的作用，很多设计作品以其成功的色彩搭配令人过目不忘。因此，在绘图之前必须选择适当的颜色，才能更好地表现作品的主题和内涵。

▶ 4.4.1 了解前景色和背景色

前景色又称为作图色，背景色也称为画布色。在Photoshop中选取颜色，主要是在工具箱下方的颜色选择区中进行的，颜色选择区由前景色按钮、背景色按钮、前景色与背景色交换按钮及默认前景色/背景色按钮组成，如图4.14所示。

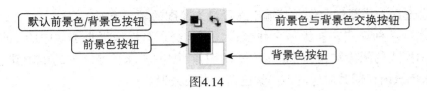

图4.14

- 前景色按钮：用于显示和选取当前绘图工具所使用的颜色。单击该按钮，可以打开"拾色器"对话框，并从中选取颜色。
- 背景色按钮：显示和选取图像的底色。单击该按钮，也可以打开"拾色器"对话框，并从中选取颜色。
- 前景色与背景色交换按钮 ↰：单击该按钮，可以使前景色和背景色互换，快捷键为X。
- 默认前景色/背景色按钮 ■：单击该按钮可以将前景色和背景色恢复到默认状态，即前景色为黑色、背景色为白色，快捷键为D。

4.4.2　使用"拾色器"对话框选取颜色

在工具箱中无论单击前景色按钮还是背景色按钮，都会弹出如图4.15所示的"拾色器"对话框。

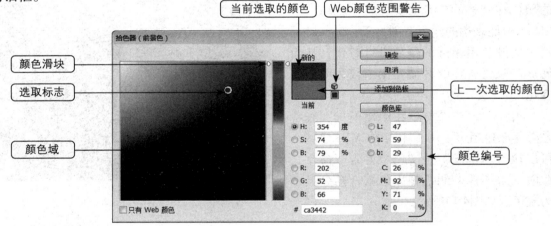

图4.15

在"拾色器"对话框的"颜色域"中单击任何一点即可选择一种颜色，"颜色域"中的小圆圈是颜色选取后的标志。如果拖动颜色滑动条上的小三角形滑块，就可以选择不同颜色范围中的颜色，也可以通过在颜色滑动条上面单击来调整。

颜色滑动条右侧还有一块显示颜色的区域，其中分成两部分：上半部分显示的是当前所选取的颜色，下半部分是打开该对话框之前选定的颜色。其右侧下方可能还会出现一个立方体按钮，称为"Web颜色范围警告"。它表示所选颜色已超出网页颜色所使用的范围。在该按钮下方也有一个小方块，其中显示与Web颜色最接近的颜色。单击"立方体"按钮，即可将当前所选颜色换成与之相对应的颜色。

在对话框的右下角还有9个单选按钮，分别是HSB、RGB、Lab颜色模式的三原色按钮。当选中某个单选按钮时，滑动条即成为该颜色的控制器。例如，选中"R"单选按钮，即滑动条变为控制红颜色，然后再在颜色域中选择决定G与B的颜色值。因此，通过调整滑动条并配合"颜色域"即可选择成千上万种颜色。

在"拾色器"对话框中，还可以通过输入数值定义颜色。例如要在RGB模式下选取颜色，那么在R、G、B文本框中输入一个数值即可，或者在"颜色编号"文本框中输入十六进制RGB颜色值来指定颜色，如"7bd159"，最后单击"确定"按钮便可完成颜色的选取。

如果在"拾色器"对话框中选中"只有Web颜色"复选框，在该对话框中将只显示网络安全颜色，如图4.16所示，此状态下可直接选择能正确显示于互联网的颜色。

如果在"拾色器"对话框中单击"添加到色板"按钮，即可将当前选中的颜色添加至"色板"面板；如果单击"颜色库"按钮，可切换至"颜色库"对话框进行颜色的选取，如图4.17所示。

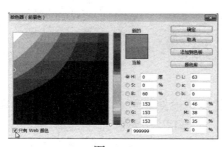
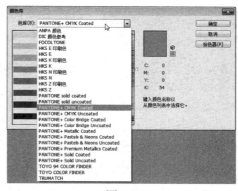

图4.16　　　　　　　　　　　　　　　　图4.17

在"颜色库"对话框中选择颜色，应先打开"色库"下拉列表框，从中选择一种颜色型号和厂牌，然后用鼠标拖动滑动条上的小三角滑块来指定所需颜色的大致范围，接着在对话框左边选定需要的颜色，最后单击"确定"按钮完成选择。

▶ 4.4.3　"颜色"面板

在Photoshop中，调整前景色和背景色是一项基本且重要的操作。按F6键可打开"颜色"面板，"颜色"面板呈现了一个直观的界面，如图4.18所示。

在"颜色"面板上同样有前景色和背景色按钮，用鼠标单击前景色或背景色按钮，拖动右边的滑块可对前景色和背景色进行设置，也可以在右边的数值输入框中输入颜色的RGB值。

图4.18

在设置颜色时，可以通过单击面板底部的颜色条直接采取色样，此时鼠标指针变成吸管形状。如果在前景色或背景色按钮已选中的情况下，再单击该样本块，则会弹出"拾色器"对话框。

▶ 4.4.4　"色板"面板

使用"色板"面板同样可以设置前景色和背景色，如图4.19所示。

除了可以选择颜色的功能外，"色板"面板最大的用途在于保存暂时不使用的颜色，以便需要时重新选择。

使用"色板"面板设置前景色时，只需单击"色板"面板中的颜色；若要设置背景色，可以按住Ctrl键的同时单击面板中的颜色。

还可以在"色板"面板中加入一些常用的颜色，或将一些不常用的颜色删除，以及保存和安装色板，具体操作如下所述。

01 如果要在面板中添加色板，那么单击"创建前景色的新色板"按钮即可，添加的颜色为当前选取的前景色，如图4.20所示。

02 如果要在面板中删除色板，可以在要删除的色板上单击鼠标左键，然后将其拖动到"删除色板"按钮上，如图4.21所示。

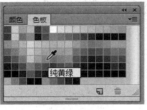
图4.19

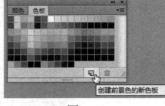
图4.20

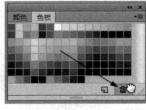
图4.21

03 如果想要恢复"色板"面板为Photoshop默认的设置，可以单击右上角的"面板菜单"按钮，从弹出的菜单中执行"复位色板"命令，如图4.22所示。

04 系统将立即弹出对话框，提示是否恢复，单击"确定"按钮即可，如图4.23所示。

 如果单击"追加"按钮，则会将默认颜色添加到当前色板，而不删除原有的颜色。

执行面板菜单命令，还可以实现"载入色板""存储色板"等操作，以及设置色板的大缩览图显示等，如图4.24所示。

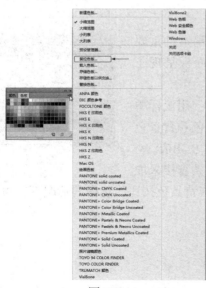
图4.22

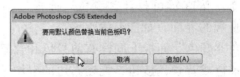
图4.23

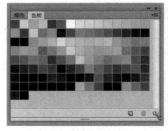
图4.24

4.4.5 使用"吸管工具"选取颜色

"吸管工具" 可以在图像区域中进行颜色采样，并将采样颜色设置为前景色或背景色，操作方法如下所述。

在工具箱中选择"吸管工具" 后，将鼠标指针移到图像上单击需要选择的颜色，就完成了前景色取色工作，如图4.25所示。

另外，也可以将鼠标指针移到"颜色"面板的颜色条上，或在"色板"面板的方格上选取颜色，如图4.26所示。

图4.25

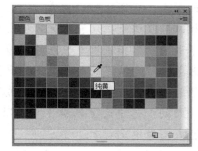
图4.26

 使用"吸管工具"选取颜色时，按Alt键单击可以选择背景色。

4.4.6 颜色取样器工具

"颜色取样器工具" 与"吸管工具"处于同一个工具组中，使用该工具可以在图像上定位4个取样点，依次为#1、#2、#3、#4，如图4.27所示。

若要移动取样点，可以将光标置于取样点上，待光标变成 形状时，拖动取样点即可。要删除取样点，按住Alt键单击取样点即可。若要隐藏取样点，可按Ctrl+H组合键或执行"视图"→"显示额外内容"命令即可。

图4.27

4.5 填充与描边

在编辑图像时，经常要进行填充与描边等操作，通过这些简单的操作往往可以得到一些特殊的图像效果。

▶ 4.5.1　油漆桶工具

　　"油漆桶工具" 🪣主要用于对色彩相近的颜色区域填充前景色或图案。它有类似于"魔棒工具"的功能，在填充时会先对单击处的颜色取样，确定要填充颜色的范围。其选项栏如图4.28所示。

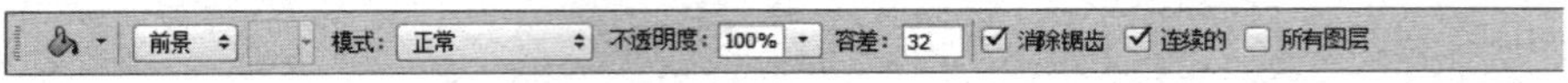

图4.28

- ● 前景 ▾下拉列表：在下拉列表中选择前景色或图案进行填充。若选取的是"图案"选项，则右边的"图案"下拉列表将显示为可选状态，从中可以选择Photoshop自带的图案或已经定义的图案进行填充。
- ● 模式：在该下拉列表中选择填充颜色与其下面图层的混合方式。
- ● 不透明度：指定填充颜色的不透明度。
- ● 容差：确定填充的颜色范围，取值范围为0~255。
- ● 消除锯齿：选中此复选框，使被填充区域的边缘更光滑。
- ● 连续的：选中此复选框，单击所要填充的基准点，所有容差范围内的像素会被前景色或图案填充。
- ● 所有图层：选中此复选框，则该工具在拥有多层的图像中进行填充时，会对所有层中的颜色进行取样并填充。

　　在使用"油漆桶工具" 🪣填充颜色之前，需要先选定前景色或图案，然后才可以在图像中单击以填充前景色或图案，如图4.29所示。

　　如果填充时选取了范围，则填充颜色时会被固定在选取范围之内，如图4.30所示。

图4.29

图4.30

▶ 4.5.2　渐变工具

　　使用"渐变工具" ▦可以创建多种颜色间的混合过渡效果，实质上就是在图像中或图像的某一区域填入一种具有多种颜色过渡的混合色。这个混合色可以是从前景色到背景色的过渡、前景色与透明背景间的相互过渡，或者是其他颜色间的相互过渡。

在工具箱中选择"渐变工具"，其选项栏如图4.31所示。

图4.31

- "渐变预设"下拉列表：此面板显示了Photoshop自带的渐变颜色预览效果，可从中选择一种渐变颜色进行填充。当将鼠标指针移至面板中的渐变颜色上，稍候片刻后会提示该渐变颜色的名称。第1个为"前景色到背景色渐变"，可以产生从前景色到背景色的渐变效果；第2个为"前景色到透明渐变"，可以产生从前景色到透明的渐变效果，如图4.32所示。
- 渐变类型 按钮：这5个工具按钮从左至右依次为线性渐变、径向渐变、角度渐变、对称渐变和菱形渐变。这些工具可以完成5种不同效果的渐变填充，可以根据需要选择其中一种，默认是线性渐变，如图4.33所示。

图4.32

图4.33

- 模式：在该下拉列表中选择渐变填充颜色与其下面图层的混合方式。
- 不透明度：指定渐变的不透明度。
- 反向：选中此复选框，填充后的渐变颜色刚好与用户设置的渐变颜色相反。
- 仿色：选中此复选框，可以平滑渐变中的过渡色，以防止在输出混合色时出现色带效果。
- 透明区域：选中此复选框可使用当前的渐变按设置呈现透明效果，反之即使此渐变具有透明效果亦无法显示出来。

1. 使用"渐变预设"创建渐变

"渐变工具"的使用较为简单，操作步骤如下所述。

01 在工具箱中选择"渐变工具" ，在其选项栏的 5种渐变类型中选择一种合适的渐变类型。例如第1种线性渐变。

02 单击渐变条 右侧的小三角按钮，在弹出的"渐变预设"下拉列表中选择一种预设的渐变样本。例如第2种"前景色到透明渐变"，如图4.34所示。

03 设置"渐变工具"选项栏中的其他选项。

04 移动鼠标指针至图像中按下鼠标左键，设置该点为渐变的起点，然后拖曳鼠标指针以定义终点。释放鼠标后，即可创建渐变填充，如图4.35所示。

图4.34   图4.35

 如果要填充图像的一部分，选择要填充的区域。否则，渐变填充将应用于整个活动图层。

在拖动渐变工具的过程中，拖动的距离越长则渐变过渡越柔和，反之，则过渡越急促。如果在拖动过程中按住Shift键，则可以在水平、垂直或45°方向应用渐变。

2．使用"渐变编辑器"设置渐变色

虽然Photoshop自带的预设渐变样本比较丰富，但是这些样本远远满足不了工作的需要。可以使用"渐变编辑器"来修改渐变样本或者创建自定义渐变，以配合图像的整体效果。

选择"渐变工具"　，单击工具选项栏中的渐变条　即可打开"渐变编辑器"对话框，如图4.36所示。

● 设置色标颜色：在渐变条上选择色标后，单击"颜色"选项中的颜色块即可打开"拾色器"对话框，在该对话框中设置色标的颜色，从而修改渐变的颜色，如图4.37所示。

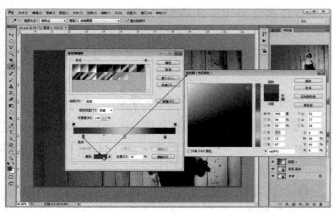

图4.36   图4.37

提
示 也可以在选择色标后，单击"色板"面板中
的颜色样本来修改它的颜色。

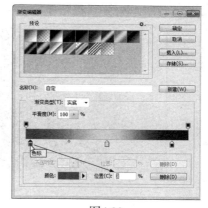

● 调整色标位置：单击并拖动色标即可将其移
　动，也可在"位置"文本框中输入色标的精
　确位置，如图4.38所示。
● 添加与删除色标：在渐变条的下面单击可添
　加色标并修改其颜色（在上面单击可添加不
　透明性色标），如图4.39所示。

图4.38

选择该色标后单击"删除"按钮，或将其拖出
渐变条之外即可删除该色标，如图4.40所示。

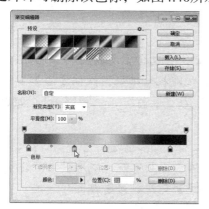

图4.39

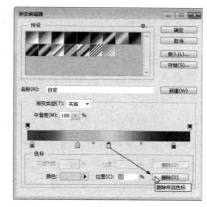

图4.40

● 颜色中点：用来控制中点两侧颜色的混合位置，在默认状态下，它位于两个色标的
　中心，拖动它即可将其移动。也可以在下面的"位置"文本框中设置它的精确位
　置，如图4.41所示。
● 不透明性色标：用来创建带有透明效果的渐变。选择该色标后，可在下面的"不透
　明度"选项中调整它的透明度，当该值为0%时，色标所在位置完全透明，如图4.42
　所示。

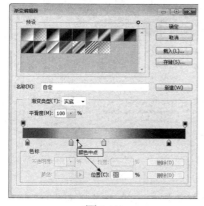

图4.41

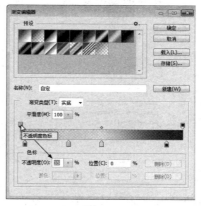

图4.42

图4.43所示为分别在图像的选区中应用实色渐变与透明渐变后的效果。

图4.43

 不透明性色标也可以设置多个，操作方法与上述色标一样。在渐变条上方单击可增加色标，而将其拖出渐变条即可删除。

● 创建杂色渐变：杂色渐变是一种特殊的渐变，它包含了所指定的颜色范围内随机分布的颜色。杂色渐变的设置方法比较简单，但随机性很强，操作方法如下所述。

在"渐变编辑器"对话框中设置"渐变类型"为"杂色"，"粗糙度"为80%。单击"确定"按钮，即可创建杂色渐变，如图4.44所示。

 杂色渐变是通过移动颜色模型的滑块来调整渐变颜色的。如果对当前的渐变效果不满意，可以单击"随机化"按钮，随机变换渐变直到满意为止。

● 创建自定义渐变样本：如果要将当前编辑好的渐变创建为一个渐变样本，可在"名称"文本框中输入新渐变的名称，然后单击"新建"按钮即可。
● 载入渐变预设：Photoshop除了提供16种预设的渐变样本之外，还自带了许多其他渐变预设，用户只要在"渐变编辑器"对话框中单击"菜单" ✿按钮，从弹出的菜单中选择所需要的预设名称即可，如图4.45所示。

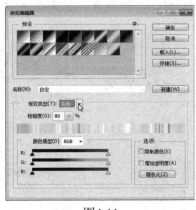

图4.44   图4.45

当系统弹出对话框时，单击"确定"按钮，则以选择的渐变替换当前的预设渐变；单击

"追加"按钮，则将选择的渐变添加到当前的预设渐变中来。如图4.46所示。

执行"复位渐变"命令，则以默认渐变样本替换或追加到当前渐变预设中。

图4.46

4.5.3 自定义图案

使用"油漆桶工具" 填充图案时，首先要定义图案，然后才能应用已定义的图案。下面以实例说明自定义图案的过程。

01 打开随书配套资源"素材 \ 第4章 \ pattern.jpg"，使用"矩形选框工具" 建立一个矩形选区，如图4.47所示。

> 定义图案时，选取的范围必须是一个矩形，并且不能带有羽化值，否则"编辑"→"定义图案"命令将不能使用。

02 执行菜单"编辑"→"定义图案"命令，打开"图案名称"对话框，如图4.48所示。

图4.47

图4.48

03 在"名称"文本框中设置图案名称，单击"确定"按钮，图案定义完成。

定义图案后，可以将其应用于图像中，一般是使用"填充"命令完成图案的填充。

4.5.4 "填充"命令

"填充"命令类似于"油漆桶工具"，可以在指定的区域内填入指定的颜色或图案。但与"油漆桶工具"不同的是，除了填充颜色和图案外，还可以使用内容识别、历史记录进行填充。

填充的一般操作步骤如下所述。

01 打开随书配套资源"素材 \ 第4章 \ fill.jpg"，在图像窗口中创建如图4.49所示的选区。

由于这些选区并不相邻，所以需要选择"矩形选框工具"的"添加到选区"模式。

02 执行菜单"编辑"→"填充"命令，打开"填充"对话框，如图4.50所示。

"填充"对话框中各参数的含义如下所述。

● 使用：在该下拉列表中选择要填充的内容，如"前景色""背景色""内容识别""图案""历史记录"等，如图4.51所示。

图4.49

图4.50

图4.51

● 混合：用于设定不透明度与模式。

● 保留透明区域：对图层填充颜色时，可以保留透明的部分不填入颜色。该复选框只有对透明的图层进行填充时才有效。

03 在"填充"对话框中设置好各选项后，单击"确定"按钮即可完成填充。

04 若在"使用"下拉列表中选择"图案"选项，则对话框中的"自定图案"下拉列表框会被激活，从中可以选择用户定义的图案进行填充，如图4.52所示。

图4.53所示为填充不同内容后的效果。

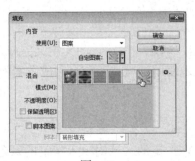

图4.52

图4.53

提示：若要快速填充前景色，可按Alt+Delete组合键或Alt+Backspace组合键；若要快速填充背景色，可按Ctrl+Delete组合键或Ctrl+Backspace组合键；若按Shift+Backspace组合键，可打开"填充"对话框。

05 若在"使用"下拉列表中选择"内容识别"选项时，则可以轻松删除图像元素并用其他内容替换，且与周边环境天衣无缝地融合在一起。

 使用"内容识别"填充时首先要创建选区，然后执行菜单"编辑"→"填充"命令打开"填充"对话框，使用"内容识别"选项完成剩下的填充工作。

▶ 4.5.5　"描边"命令

执行"描边"命令可以在选取范围或图层周围绘制出边框，效果如图4.54所示。

"描边"命令的操作方法与"填充"命令相似，在执行此命令之前先选取一个范围，或选择一个已有内容的图层，然后执行菜单"编辑"→"描边"命令，打开如图4.55所示的"描边"对话框。

图4.54

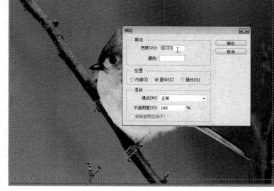
图4.55

"描边"对话框中各参数的含义如下所述。

● 描边：在此选项组的"宽度"文本框中，可以输入一个数值（范围为1~16像素）以确定描边的宽度，在"颜色"框中选择描边的颜色。
● 位置：设置描边的位置，分别可在选取范围边框线的内部、居中和居外进行。
● 混合：该组中各选项的功能与"填充"对话框中的相同。

4.6　思考与练习

1．选择题

（1）任何一种彩色都具有_____、_____与_____3个基本属性。

（2）按_____组合键，可以将前景色与背景色恢复至默认状态。

（3）使用"吸管工具"选取颜色时，按_____键单击可以选择背景色。

2．问答题

（1）Photoshop常用的色彩模式有哪些？各有什么区别？

（2）在"拾色器"对话框中选择颜色该如何操作？

3．上机练习

（1）请利用"内容识别"填充功能，将随书配套资源"素材 \ 第4章 \ ab.jpg"文件中的背景人物删除掉，使其与周边环境天衣无缝地融合在一起。完成后的效果应大致如图4.56所示。

（2）请运用本章所学的知识，利用随书配套资源"素材 \ 第4章 \ thtone.jpg"文件制作三色调图像，效果如图4.57所示。

图4.56

图4.57

第5章 Photoshop绘图和修图工具

>> **本章导读**

　　Photoshop提供了丰富的绘图与修图工具，每种工具都有独到之处，只有扎实地掌握它们的使用方法和技巧，才能更好地修图和绘图。本章将重点介绍Photoshop的绘图与修图工具。通过本章的学习，读者能正确、合理地选择与使用这些工具，为绘制出完美的图像打下坚实的基础。

>> **学习要点**

- "画笔"面板
- 创建与设置画笔
- 载入画笔与安装画笔库
- 绘图与擦图工具
- 修图工具
- 图像修改工具

5.1　如何使用Photoshop绘图

　　尽管一部分读者在学习此软件后，不会从事与此软件相关的工作，但是这里所介绍的绘画操作并不完全是为绘制出一张完整的插画或者是一个具象的写实性作品所进行的操作。本书所介绍的绘画操作内涵很宽泛，其表现形式不仅仅局限于使用"画笔工具""铅笔工具"等进行作品式的绘制，还包括使用"钢笔工具"、矢量绘图类工具、"渐变工具"等进行的操作。

　　实际上，除非是专业的绘画人员，绝大多数Photoshop使用者在使用此软件进行操作时，进行的都是这种绘画形式的操作，而不是专业绘图。本章介绍了对于任何一种绘画操作而言都非常重要的一些知识，包括画笔、笔尖等。其中画笔与笔尖属于支撑性知识，因为无论是使用"画笔工具"或是"铅笔工具"等进行绘画操作，还是使用"加深工具""减淡工具""涂抹工具""模糊工具"等进行修饰类操作，都会用到本章所介绍的支撑性知识。

　　理解Photoshop的绘画原理并不难。可以说，传统绘画用的画笔相当于Photoshop中的各种绘图类工具，传统绘画用的画布相当于Photoshop中的图像文件，传统绘画用的调色盘则相当于Photoshop中的拾色器。

　　另外，传统绘画中的画笔类型如毛笔、水粉笔、油画笔、喷枪等在Photoshop中都可以借助于"画笔"面板、画笔样式、画笔的透明度、流量等参数来模拟，而传统绘画使用的油画布、水彩纸、素描纸等的纹理在Photoshop中则可以通过滤镜中的"纹理化"命令来实现。

　　通过上面的介绍可以看出，传统绘画与使用Photoshop进行绘画只是在实现手段上存在差异，两者在绘画的本质、绘画的技法等方面基本上没有区别。

　　要在Photoshop中进行绘画，必须了解绘画色与画布色的区别，并掌握选择绘画色与画布色的技能。

　　实际上，Photoshop中的绘画色就是指在绘画时使用的颜色，这种颜色又被称为"前景色"。例如，当设置前景色为黑色时，使用任何绘图类工具进行绘画，所得到的效果都是黑色的；同样，如果设置前景色为红色，使用绘图类工具进行绘画时则会得到红色的效果。

"画布色"这个概念在Photoshop中并不存在，这是为了便于读者理解而提出的。要理解这个概念，可以先想象一下在黄色的画纸上进行传统绘画的情景。如果擦去了在这种颜色的画纸上绘制的线条或者笔画，则会露出黄色的画纸颜色，即"画布色"。

在Photoshop中画布色等同于背景色，因此当改变背景色时就等同于修改了画布的颜色。例如，将背景色设置为黑色后，如果擦去了在背景图层上绘制的线条，就会露出黑色的背景色（画布色）。由于在Photoshop中可以随时修改背景色，因此每一次擦除操作实际上等同于使用背景色在图像中进行绘画。这听起来有些令人费解，但只要在Photoshop中进行多次绘画操作就能够理解。

5.2　Photoshop绘图工具简介

在掌握绘画色与画布色的设置方法后，还需要掌握在Photoshop中用于进行自由绘画操作的工具，其中最重要的自由绘画工具有"画笔工具"和"铅笔工具"。

▶ 5.2.1　画笔工具

"画笔工具"是绘制图形时使用最多的工具之一，利用"画笔工具"可以绘制边缘柔和的线条，且画笔的大小与边缘柔和的程度都可以灵活调节。

选择工具箱中的"画笔工具"，在图5.1所示的"画笔工具"选项栏中设置相关参数，即可进行绘图操作。

图5.1

该工具选项栏中的选项如下所述。

● 画笔预设下拉面板：在下拉面板中单击一个画笔样本即可将其选中，选择后可调整画笔的"大小"和"硬度"。"大小"用来控制画笔的直径；"硬度"用来控制画笔柔边的大小。在该面板中，还可以看到类似油画笔尖样式的硬毛刷画笔。利用这些画笔并配合绘画板可以描画出各种风格的绘画效果，如图5.2所示。

● "切换画笔面板"按钮：单击该按钮即可打开"画笔"面板，进一步设置画笔。

● 模式：用于设置绘图的前景色与作为画纸的背景之间的混合效果。"模式"下拉列表中的大部分选项与图层混合模式相同。

● 不透明度：用于设置绘画颜色的不透明程度。设置范围为0%～100%，不透明度为100%时完全不透明，为0%时完全透明。

● 流量：用于设置画笔的绘制浓度，与不透明度是有区别的。不透明度是指整体的不透明度，而流量是指每次增加的颜色浓度。例如，设置不透明度为90%，流量为10%，单击鼠标绘画时，其色彩不透明度为10%，而拖动鼠标继续绘制时，颜色的不透明度将依次增加为20%、30%、40%……直到达到设置的不透明度数值（90%）以后，不透明度不会再增加。

- "启用喷枪模式"按钮：单击"启用喷枪模式" 按钮，可将渐变色调（彩色喷雾）应用到图像，模拟现实生活中的油漆喷枪，创建出雾状图案效果。
- 绘图板压力控制不透明度/绘图板压力控制大小：如果计算机配备了绘图板，则这两个选项可以被选择，此时可以用绘图板来控制画笔的不透明度和压力。

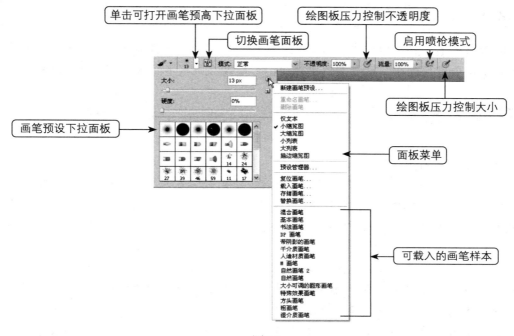

图5.2

▶ 5.2.2 铅笔工具

使用"铅笔工具" 可以绘制出硬边的直线或曲线。单击工具箱中的"铅笔工具"，其选项栏如图5.3所示。其中除了"自动抹除"复选框外，其余各选项参数与"画笔工具"的基本类似。

图5.3

- 自动抹除：用于实现擦除的功能，选中此复选框后可将"铅笔工具"当作橡皮使用。当在与前景色颜色相同的图像区域内描绘时，会自动擦除前景色而填入背景色。

特别要注意的是，当选择"铅笔工具"后，工具选项栏中的"画笔"下拉列表中的画笔全部是硬边效果，绘制效果也是硬边，如图5.4所示。

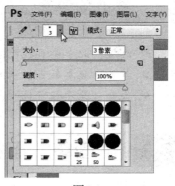

图5.4

> 提示 许多初学者发现在绘画时无法得到柔和的图像边缘，这是因为选择了"铅笔工具"而不是"画笔工具"。

▶ 5.2.3 混合器画笔工具

"混合器画笔工具"也包含在画笔工具组中，它可以模拟绘画的笔触进行艺术创作，如果配合手写板进行操作，将会变得更加自由、更像在画板上绘画，其工具选项栏如图5.5所示。

图5.5

下面介绍各参数的含义。

- 当前画笔载入：在此可以重新载入或者清除画笔。在此下拉列表中执行"只载入纯色"命令，此时按住Alt键将切换至"吸管工具"，吸取要涂抹的颜色，如图5.6所示。

如果没有执行此命令，则可以像"仿制图章工具"一样，定义一个图像作为画笔进行绘画。

- "每次描边后载入画笔"按钮 ：单击此按钮后，将可以自动载入画笔。
- "每次描边后清理画笔"按钮 ：单击此按钮后，将可以自动清理画笔，也可以将其理解为画家绘画一笔后，是否要将画笔洗干净。
- 画笔预设：在此下拉列表中可选择多种预设的画笔，以及选择不同的画笔预设，可自动设置后面的"潮湿""载入"以及"混合"等参数，如图5.7所示。

图5.6

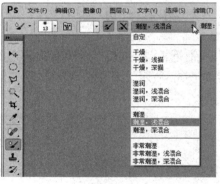

图5.7

- 潮湿：此参数可控制绘画时从画布图像中拾取的油彩量。
- 载入：此参数可控制画笔上的油彩量。
- 混合：此参数可控制色彩混合的强度，数值越大混合得越多。

5.3 "画笔"面板

使用Photoshop之所以能够绘制出丰富、逼真的图像效果，很大原因在于它拥有强大的

"画笔"面板，它使绘画者能够通过控制画笔的参数，获得丰富的画笔效果。

执行菜单"窗口"→"画笔"命令或按F5键，即可打开"画笔"面板，如图5.8所示。

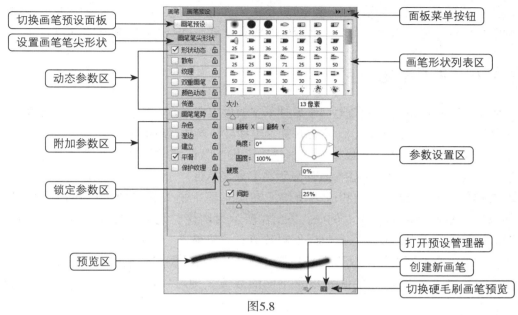

图5.8

下面对"画笔"面板中各区域的作用进行简单介绍。

● "画笔预设"按钮：单击该按钮可以调出Photoshop"画笔预设"面板，以管理画笔预设。

● 动态参数区：在该区域中列出了可以设置动态参数的选项，其中包含"形状动态""散布""纹理""双重画笔""颜色动态""传递"和"画笔笔势"7个选项。

● 附加参数区：在该区域中列出了一些选项，选择它们可以为画笔增加杂色及湿边等效果。

● 锁定参数区：在该区域中单击锁形图标使其变为状态，就可以将该动态参数所做的设置锁定起来，再次单击锁形图标使其变为状态即可解锁。

● 动态参数区：该区域中列出了与当前所选的动态参数相对应的参数，在选择不同的选项时，该区域所列的参数也不相同。

● 预览区：在该区域可以看到根据当前的画笔属性生成的预览图。

● "切换硬毛刷画笔预览"按钮：选中此按钮后，默认情况下将在画布的左上方显示笔刷的形态。需要注意的是，必须启用OpenGL才能使用此功能。要启用OpenGL功能，可执行"编辑"→"首选项"→"性能"命令，在弹出对话框的右下角位置进行选择，此功能需要显卡支持。

● "打开预设管理器"按钮：单击此按钮，可以调出画笔的"预设管理器"对话框，用于管理和编辑画笔预设。

● "创建新画笔"按钮：单击此按钮，在弹出的对话框中单击"确定"按钮，按当前所选画笔的参数创建一个新画笔。

5.3.1 选择画笔

若要在"画笔"面板中选择画笔，可以单击"画笔"面板的"画笔笔尖形状"选项，此时在画笔显示区将显示当前"画笔"面板中的所有画笔，单击需要的画笔即可。

5.3.2 设置画笔

"画笔"面板中的每一种画笔都有数种基本属性可以编辑，包括"大小""角度""间距""圆度"等，对于圆形画笔，还可对其"柔和度"参数进行编辑。

要编辑上述常规参数，可以单击"画笔"面板参数区的"画笔笔尖形状"选项，此时"画笔"面板如图5.9所示，上述参数均显示在参数显示区。

若要编辑上述参数，拖动相应的滑块或在文本框中输入数值即可，在调节的同时，可在预览区观察调节后的效果。例如，图5.10所示为调整"大小"参数为不同数值时的效果，图5.11所示为调整"硬度"参数为不同数值时的效果。

在"间距"文本框中输入数值或调节滑块，可以设置绘图时组成线段的两点间的距离，数值越大间距越大。为画笔的间距设置不同的数值，则可以得到不同的效果，如图5.12所示。

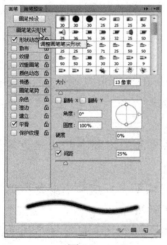

图5.9

图5.10

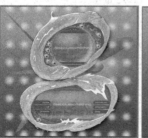

图5.11

图5.12

5.3.3 形状动态参数

通过在"画笔"面板上选中"形状动态"复选框，可以进入画笔的动态形状参数设置区，如图5.13所示。通过设置这些参数，可使画笔在大小、角度及圆度方面发生变化。

● 大小抖动：此参数控制画笔在绘制过程中尺寸上的抖动幅度，其数值越大，抖动的幅度也越大，图5.14左图所示为此数值为50%时的画笔效果，右图所示为数值为100%时的画笔效果。

图5.13

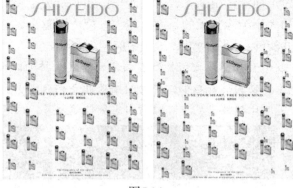

图5.14

● 控制：该下拉列表中的选项控制抖动发生的方式，其中有"关""渐隐""钢笔压力""钢笔斜度""光笔轮""旋转""初始方向"和"方向"8种方式可选，如图5.15所示。

比较常用的是"渐隐"选项，选择此选项后，其右侧将激活一个文本框，在此输入数值可以改变渐隐步长，如图5.16所示。

图5.15

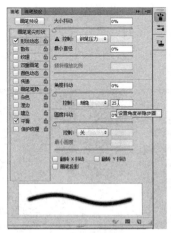

图5.16

图5.17所示为原图。

图5.18所示则使用了不同的控制渐隐画笔绘制添加了4根线条。

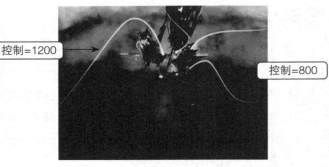

图5.17　　　　　　　　　　　图5.18

　　通过上面标示出的参数可以看出，在画笔大小相同的情况下，"渐隐"数值越大，则画笔从初始大小渐隐到无的长度就越大，反之则越小，这就可以帮助读者在一定程度上理解其作用，并能够在以后的设计过程中应用到实处。

●　最小直径：此数值控制在画笔尺寸发生抖动时画笔的最小尺寸值，此数值越大，则发生抖动的范围越小，抖动的幅度也会相应变小。图5.19所示为此数值为0%和50%时的画笔对比效果，从中可以看出当数值越大时，画笔尺寸的抖动变化幅度越不明显。

图5.19

●　角度抖动：此参数可以控制画笔在绘制过程中角度上的抖动幅度，其数值越大，则角度变化的幅度也越大。图5.20所示为此数值为15%时的画笔效果。

　　图5.21所示则为角度抖动值为85%时的画笔效果，从图中明显可见蝴蝶图案画笔角度变化的幅度很大。

图5.20　　　　　　　　　　　图5.21

●　圆度抖动：此参数控制画笔在绘制过程中的圆度抖动幅度，其数值越大，则画笔圆度变化范围就越大。

▶ 5.3.4 散布参数

通过设置画笔的"散布"参数，可以控制画笔偏离画笔路径线的程度。在"散布"参数复选框被选中的情况下，"画笔"面板如图5.22所示。

● 散布：此参数控制组成线条的点在绘制时距离画笔所掠过的路径的离散度。此数值越大，则绘画时画笔偏离绘制路径的程度越大。图5.23所示为此数值为200%时的绘制效果。

图5.24所示为该数值为700%时绘制的不同效果。圆点画笔偏离路径的程度明显要大很多。

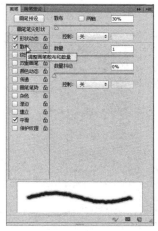

图5.22

图5.23

图5.24

● 两轴：在此复选框被选中的情况下，画笔点在X、Y两个轴向上发生分散，否则仅在一个方向上发生分散，如图5.25所示。

在X和Y两个轴向上发生分散

仅在Y轴向上发生分散

图5.25

● 数量：此参数控制构成的点在绘制时的数量，此数值越大，则有越多的画笔点聚集在一起。图5.26所示为此数值为1时的画笔效果。

图5.27所示则为该数值为3时的画笔效果。如果此参数设置得越小，则绘制时所得到的点越少；反之如果此参数设置得越大，则得到的点越多。

● 数量抖动：此参数控制构成线条的点在绘制时的抖动幅度，此数值越大，则得到的画笔效果越不规则，如图5.28所示。

Chapter 05

图5.26

图5.27

图5.28

▶ 5.3.5　颜色动态参数

在"画笔"面板上选中"颜色动态"复选框，如图5.29所示，它可以动态地改变画笔颜色效果。

选中"颜色动态"复选框后，"画笔"面板中的重要参数如下所述。

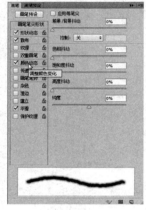
图5.29

● 前景/背景抖动：在此输入数值或拖动滑块，可以在应用画笔时控制画笔的颜色变化情况。数值越大，画笔的颜色发生随机变化时，越接近于背景色，反之数值越小，画笔的颜色发生随机变化时，越接近于前景色。图5.30所示为使用"前景/背景抖动"不同数值时的前后效果对比。

● 色相抖动：此选项用于控制画笔色调的随机效果，数值越大，画笔的色调发生随机变化时，越接近于背景色；反之数值越小，画笔的色调发生随机变化时，越接近于前景色。图5.31所示为设置不同数值的"色相抖动"效果。

图5.30

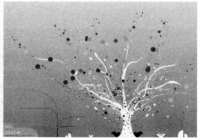
图5.31

● 饱和度抖动：此选项用于控制画笔饱和度的随机效果，数值越大，画笔的饱和度发生随机变化时，越接近于背景色的饱和度；反之数值越小，画笔的饱和度发生随机变化时，越接近于前景色的饱和度。图5.32所示为设置不同数值的"饱和度抖动"效果。

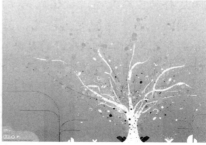

图5.32

● 亮度抖动：此选项用于控制画笔亮度的随机效果，数值越大，画笔的亮度发生随机变化时，越接近于背景色亮度；反之数值越小，画笔的亮度发生随机变化时，越接近于前景色亮度。图5.33所示为设置不同数值的"亮度抖动"效果。

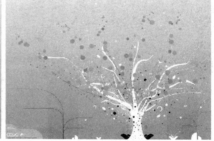

图5.33

● 纯度：在此输入数值或拖动滑块，可以控制笔画的纯度，数值为−100%时，笔画呈现饱和度为0的效果；反之数值为100%时，笔画呈现完全饱和的效果。图5.34所示为设置不同数值的"纯度"效果。

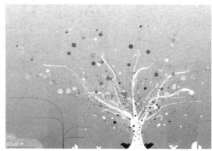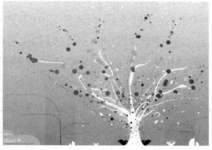

图5.34

▶ 5.3.6 传递参数

"传递"动态参数的前身即Photoshop CS4中的"其他动态"，在新版本中，除了名称上的变化外，其中的参数也从原来的"不透明度抖动"与"流量抖动"两个主要参数，增加了

"湿度抖动"与"混合抖动"两个参数，其对话框如图5.35所示。

"湿度抖动"与"混合抖动"参数主要是针对"混合器画笔工具"使用的。

- 不透明度抖动：在此输入数值或拖动滑块，可以在应用画笔时控制画笔的不透明变化情况，图5.36和图5.37所示为数值分别设置为10%和100%时的效果。

- 流量抖动：此选项用于控制画笔速度的变化情况。

- 湿度抖动：在混合器画笔工具选项栏上设置了"潮湿"参数后，在此处可以控制其动态变化。

- 混合抖动：在混合器画笔工具选项栏上设置了"混合"参数后，在此处可以控制其动态变化。

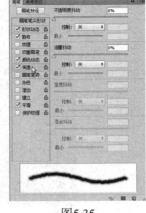

图5.35

图5.36

图5.37

5.3.7 硬毛刷画笔设置

硬毛刷画笔可以控制硬毛刷上硬毛的数量，以及硬毛的长度等，从而改变绘画的效果。默认情况下，在"画笔"面板中就已经显示了一部分该画笔，选择此画笔后，会在"画笔笔尖形状"区域中显示相应的参数控制，如图5.38所示。

下面分别介绍关于硬毛刷画笔的相关参数功能。

- 形状：在此下拉列表中可以选择硬毛刷画笔的形状，图5.39所示为在其他参数不变的情况下，分别设置其中10种形状后得到的绘画效果。

- 硬毛刷：此参数用于控制当前笔刷硬毛的密度。

- 长度：此参数用于控制每根硬毛的长度。

- 粗细：此参数用于控制每根硬毛的粗细，最终决定了整个笔刷的粗细。

- 硬度：此参数用于控制硬毛的硬度。越硬则绘画得到的结果越淡、越稀疏，反之则越深、越浓密。

- 角度：此参数用于控制硬毛的角度。

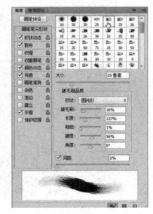

图5.38

图5.39

▶ 5.3.8 锁定画笔参数

如果将当前画笔设置的参数应用给其他画笔，可以在"画笔"面板中单击该参数右侧的锁形标志，使其成为锁定状态。例如，为当前所使用的画笔设置了形状动态及散布参数，当锁定这两个参数后，在画布中单击鼠标右键，从弹出的"画笔"面板中选择其他画笔，则被选择的画笔将自动具有这些参数设置。

图5.40所示是为"喷枪"画笔设置了形状动态、散布、颜色动态、传递和平滑参数，并且锁定了形状动态、颜色动态、传递和平滑4种参数的状态。

图5.41所示为单击鼠标右键选择另一种画笔时的状态。

图5.40

图5.41

从中可以看出，此时未被锁定的参数已被新画笔默认的参数所替代，但被锁定的参数则自动应用于新的画笔。

▶ 5.3.9 创建自定义画笔

在实际工作过程中，"画笔"面板所列的画笔远远不能满足各种任务的需要，因此必须掌握创建新画笔的方法。Photoshop定义画笔的方法非常灵活，其操作步骤如下所述。

01 使用"自定义形状工具"或其他绘图工具绘制所需的画笔形状并填充颜色，如图5.42所示。

02 用任何一种选择工具选中步骤1中绘制的画笔形状。如果形状包含路径，则可以直接将路径转换为选区，如图5.43所示。

图5.42

图5.43

03 执行"编辑"→"定义画笔预设"命令，
在弹出的"画笔名称"对话框中输入画笔名称，最
后单击"确定"按钮，如图5.44所示。

04 在"画笔工具"的选项栏中选择新建的
画笔，就可以用它来绘图了，如图5.45所示。

图5.44

除了通过绘制新图像得到画笔外，还可以将一个素材图像定义为画笔，其操作步骤如下
所述。

01 在Photoshop中打开随书配套资源"素材 \ 第5章 \ while.tif"素材图像，如图
5.46所示。

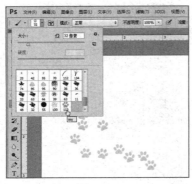

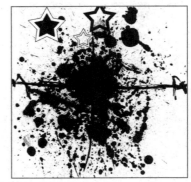

图5.45

图5.46

02 按Ctrl+A组合键选中该图像，然后执行"编辑"→"定义画笔预设"命令，在弹出
的对话框中输入新画笔的名称，如图5.47所示。

03 单击"确定"按钮后，即可在"画笔"面板中找到使用素材图像定义的画笔，如
图5.48所示。

04 现在就可以使用刚刚定义的画笔来装饰图像，如图5.49所示。

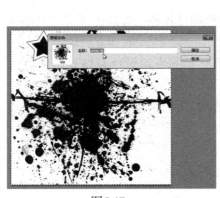

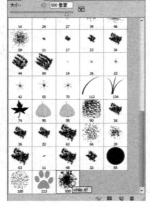

图5.47

图5.48

图5.49

▶ 5.3.10 删除与复位画笔

对于不需要的画笔，可以将它从面板中删除，操作方法如下所述。

在"画笔预设"面板中选择要删除的画笔，然后单击面板底部的"删除画笔"  按钮，在弹出的提示对话框中单击"确定"按钮，即可删除选中的画笔，如图5.50所示。

图5.50

除了上述方法，还有两种额外的方式可以删除Photoshop中的画笔。一种方法是，按住Alt键并在面板上点击想要删除的画笔。此时，光标会变成剪刀形状，表明可以选择并删除特定的–画笔，如图5.51所示。另一种方法是通过点击"画笔"面板菜单按钮，然后在弹出的快捷菜单中选择"删除画笔"命令，如图5.52所示。这两种方法提供了灵活的操作选项，以便用户根据自己的习惯选择最合适的删除方式。

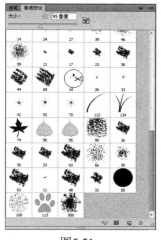

图5.51

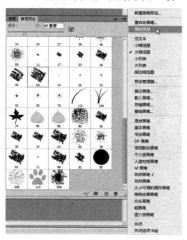

图5.52

如果要将当前"画笔预设"面板中的画笔种类恢复至默认的状态，可以在菜单中执行"复位画笔"命令，则会弹出如图5.53所示的提示对话框。

图5.53

- 单击"确定"按钮就可以复位画笔预设，从而将画笔种类恢复至默认的状态。
- 单击"取消"按钮则放弃复位画笔。
- 单击"追加"按钮则将默认的画笔预设追加到当前的画笔预设中。

▶ 5.3.11 载入与安装画笔库

Photoshop中有多种预设的画笔，如"书法画笔""干介质画笔""自然画笔"等，在"画笔预设"面板快捷菜单的底部可以见到这些画笔库，如图5.54所示。

在默认情况下，这些画笔并未调入"画笔预设"面板中。若要调入这些画笔，只需要在"画笔预设"面板菜单的预设画笔区中选中相应的画笔名称即可。可以选择覆盖现有画笔，也可以在现有画笔的基础上追加。

除了Photoshop提供的画笔外，互联网上也提供了许多画笔库供下载使用。搜集这些画笔库并将其应用到设计工作中，可以起到意想不到的特殊效果。

执行"载入画笔"命令可以将下载的画笔载入到当前的"画笔预设"中，其操作方法如下所述。

01 在"画笔预设"面板菜单中执行"载入画笔"命令。

02 从弹出的"载入"对话框中选择要载入的画笔。在随书配套资源"素材 \ 第5章"文件夹中提供了若干可以载入的画笔，如图5.55所示。

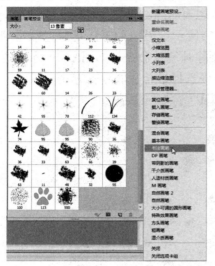

图5.54

图5.55

 Photoshop画笔文件的扩展名为*.abr。

03 单击"载入"按钮，即可将选中的画笔库载入到当前的画笔预设中，如图5.56所示。

除了载入画笔，还可以安装下载的画笔库，其操作方法如下所述。

01 将随书配套资源"素材 \ 第5章"文件夹中的所有ABR文件都复制到"C:\Program Files\Adobe\Adobe Photoshop CS6\Presets\Brushes"文件夹下，如图5.57所示。

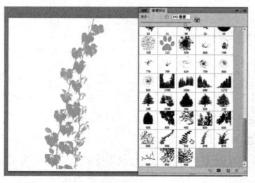

图5.56

图5.57

 C:\Program Files\Adobe\Adobe Photoshop CS6\为Photoshop CS6默认的安装路径。如果本机Photoshop CS6安装在其他磁盘上，则需要找到对应的安装位置。

02 重新启动Photoshop，再次打开"画笔预设"面板，刚才复制的所有画笔库的名称将出现在菜单的底部，如图5.58所示。

03 单击相应的画笔库名称，即可将选中的画笔库载入到当前的画笔预设中。

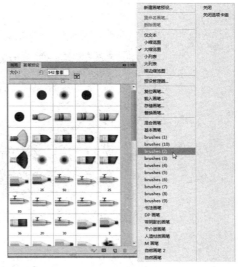

每次启动Photoshop时，安装的画笔库的名称与系统中的其他画笔库将一起出现在菜单的底部。

图5.58

▶ 5.3.12 保存画笔库和替换画笔

除了Photoshop提供的画笔外，还可以根据需要将面板中的画笔保存在画笔库中，以便以后载入使用。

在"画笔预设"面板菜单中执行"存储画笔"命令，打开"存储"对话框，在对话框中指定画笔库文件的保存路径和文件名，并单击"保存"按钮。这样就以创建一个新的画笔库，其中包括当前面板中的所有画笔。

如果将画笔库文件保存在系统默认的文件夹中，则下次启动Photoshop时，该画笔库的名称与系统中的其他画笔库将一起出现在快捷菜单的底部，单击名称就可以将画笔库载入到面板中。

在菜单中执行"替换画笔"命令，可以直接使用所选画笔将当前的画笔预设替换。

5.4 擦图工具

Photoshop提供的擦图工具有："橡皮擦工具""背景橡皮擦工具"与"魔术橡皮擦工具"。

▶ 5.4.1 橡皮擦工具

"橡皮擦工具" 主要用来擦除当前图像中的颜色。在工具箱中选择"橡皮擦工具"，将鼠标指针移至图像窗口中，按住鼠标左键的同时拖曳鼠标，鼠标指针经过的区域将被改变为透明色或者背景色，如图5.59所示。

在"橡皮擦工具"选项栏中选中"抹到历史记录"复选框，可将受到影响的区域恢复到"历史记录"面板中所选的状态，而不是透明色，这个功能称为"历史记录橡皮擦"，如图5.60所示。

图5.59

图5.60

"橡皮擦工具"有3种模式，分别是"画笔""铅笔""块"。使用这些模式可以对橡皮擦的擦除效果进行更加细微的调整，对应不同的模式，选项栏也会发生相应的变化。

5.4.2　背景橡皮擦工具

与橡皮擦工具相比，使用"背景橡皮擦工具"　可以将图像擦除到透明色，其工具选项栏如图5.61所示。

图5.61

"背景橡皮擦工具"的具体设置如下所述。

1．设置取样方式

在工具选项栏中有3个按钮　，依次为"连续""一次""背景色板"，单击任意一个按钮，可以设置取样的方式。

- 连续：鼠标指针在图像中不同颜色区域移动，那么工具箱中的背景色也将相应的发生变化，并不断地选取样色。
- 一次：先选取一个基准色，然后一次把与基准色一样的颜色擦除掉，擦除工作做完。
- 背景色板：表示以背景色作为取样颜色，只擦除选区中与背景色相似或相同的颜色。

2．设置限制模式

在"限制"下拉列表中可以设置擦除边界的连续性，其中包括"不连续""连续"和"查找边缘"3个选项。如图5.62所示。

- 不连续：擦除出现在画笔上任何位置的样本颜色。

图5.62

- 连续：擦除包含样本颜色并且相互连接的区域。
- 查找边缘：擦除包含样本颜色连接区域，同时更好地保留形状边缘的锐化程度。

3. 设置容差

"容差"项可以确定擦除图像或选取的容差范围为1%～100%，其数值决定了将被擦除的颜色范围。数值越大，表明擦除的区域颜色与基准色相差越大。

4. 设置保护前景色

把不希望被擦除的颜色设为前景色，再选中此复选框，就可以达到擦除时保护颜色的目的，这正好与前面的"容差"相反。

▶ 5.4.3 魔术橡皮擦工具

"魔术橡皮擦工具" 是"魔棒工具"与"背景橡皮擦工具"的综合，它是一种根据像素颜色来擦除图像的工具。用"魔术橡皮擦工具" 在图像中单击时，所有相似的颜色区域被擦掉而变成透明的区域，其选项栏如图5.63所示。

- 消除锯齿：选中该复选框，会使被擦除区域的边缘更加光滑。

图5.63

- 连续：选中该复选框，则只擦除与临近区域中颜色类似的部分，否则会擦除图像中所有颜色类似的区域。
- 对所有图层取样：利用所有可见图层中的组合数据来采集色样，否则只采集当前图层的颜色信息。

要使用"魔术橡皮擦工具"快速擦出图片背景，可按以下步骤操作。

01 在Photoshop中打开随书配套资源"素材＼第5章＼girl.jpg"文件。

02 选择"魔术橡皮擦工具"，在其工具选项栏中设置"容差"值为36，并选中"消除锯齿"和"连续"复选框，如图5.64所示。

图5.64

03 使用"魔术橡皮擦工具"在图片红色门框上单击，相邻的红色门框部分都会被擦除，如图5.65所示。

04 取消选中工具选项栏中的"连续"复选框，再次擦除红色门框时，所有红色门框都会被快速擦除掉，如图5.66所示。

图5.65

图5.66

由于人像部分颜色可能和其他部分的背景颜色相同，所以并不能简单地使用非连续方式的擦除，那样可能会将人像部分的像素也擦除掉，最好的方法是两种方式结合进行，最大限度地提高操作效率和精确度。

5.5 修图工具

修图工具用来修补和修饰质量不好的图片，包括图像修补工具和图像修饰工具。

▶ 5.5.1 污点修复画笔工具

"污点修复画笔工具" 可以用于去除照片中的杂色或污斑，使用此工具时不需要进行采样操作，只需要在图像中有杂色或污斑的地方单击，即可去除此处的杂色或污斑，这是由于Photoshop能够自动分析单击处图像的不透明度、颜色与质感，从而进行自动采样，最终完美地去除杂色或污斑。

图5.67所示为素材图像及局部细节效果，从中可以看到人物脸上有明显的色斑。

使用"污点修复画笔工具" 在色斑位置直接单击一下（无需采样），如图5.68所示。

色斑将立即被去除，如图5.69所示。

图5.67

图5.68

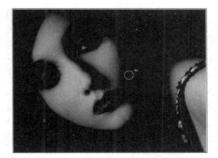

图5.69

▶ 5.5.2 修复画笔工具

"修复画笔工具" 是选取图像中的
"好"区域来修复"不好"的区域，并使整
幅图像保持完好的状态。利用"修复画笔工
具" 修复图像的具体操作步骤如下所述。

01 打开随书配套资源中的"素材 \ 第
5章 \ lko.jpg"，该图人像上有多处疤痕和
斑点需要修复，如图5.70所示。

02 在工具箱中选择"修复画笔工具"
，并在其工具选项栏中进行如图5.71所示
的设置。

图5.70

图5.71

"修复画笔工具"选项栏中重要参数的含义如下所述。

● 取样：用取样区域的图像修复需要改变的区域。
● 图案：用图案修复需要改变的区域。
● 样本：在此下拉列表中，可以选择定义源图像时所选取的图层范围，其中包含"当
  前图层""当前和下方图层""所有图层"3个选项。
● "忽略调整图层" 按钮：在"样本"下拉列表中选择"当前和下方图层"或"所
  有图层"选项时，该按钮将被激活，
  单击后将在定义源图像时忽略图层中
  的调整图层。

03 按住Alt键在人物肩部的其他完好区域
取样，如图5.72所示。

04 在有疤痕的区域进行涂抹，以消除疤
痕，效果如图5.73所示。

05 另外还有一个黑色的斑点也可以通过
这种方法消除，如图5.74所示。

图5.72

图5.73

图5.74

 在使用"修复画笔工具" ✐ 时，十字点为取样点，小圆圈区域为当前涂抹区域。

▶ 5.5.3 修补工具

"修补工具"用于将图像中所需要的部分选择并移动到需要覆盖的区域，类似于现实生活中的植皮术，且Photoshop能将移植过来的部分图像与该区域中的原图像很好地融合在一起。

在此以一个实例来介绍"修补工具"的使用方法，其操作步骤如下所述。

01 使用Photoshop打开随书配套资源中的文件"素材 \ 第5章 \ dsi.jpg"，如图5.75所示。该图像中的人物眼袋比较突出，可以通过"修补工具"将它去除。

图5.75

02 选择"修补工具" ▦，并在其工具选项栏中进行如图5.76所示的参数设置。

图5.76

03 使用"修补工具"选择人像脸部右眼的眼袋，其使用方法与"套索工具"类似，如图5.77所示。

04 将鼠标置于选择区域内，将选区拖动至临近的位置，如图5.78所示。

05 释放鼠标并按Ctrl+D组合键取消选区，可以看到眼袋区域已经被临近位置的像素修补，眼袋变浅了很多。这从左右两只眼睛的区别也可以看得出来，如图5.79所示。

图5.77

图5.78

图5.79

06 按同样的方法修补左眼的眼袋。

> 在使用"修补工具"时，也可以使用其他选择工具制作一个精确的选区，然后选择"修补工具"，将选区拖动至无瑕疵的图像上，以便更好地对图像进行完善。

5.5.4 仿制图章工具

"仿制图章工具" 是图像中对象复制操作时非常适用的工具，利用它可以将想复制的对象原封不动地复制一个或多个。选择"仿制图章工具" ，后，其工具选项栏如图5.80所示。

图5.80

下面介绍其中几个重要选项的含义。

● 对齐：选中该复选框，整个取样区域仅应用一次，即使操作由于某种原因而停止，再次使用"仿制图案工具"进行操作时，仍可从上次结束操作时的位置开始。反之，如果未选中该复选框，则每次停止操作再继续绘画时，都将从初始参考点位置开始应用取样区域。因此在操作过程中，参考点之间的位置与角度关系处于变化之中，该选项对于在不同的图像上应用图像同一部分的多个副本时很有用。

● 样本：在此下拉列表中，可以选择定义源图像时所选取的图层范围，其中包含"当前图层""当前和下方图层""所有图层"3个选项，从其名称上便可以轻松理解在定义样式时所使用的图层范围。

● "忽略调整图层" 按钮：在"样本"下拉列表中选择"当前和下方图层"或"所有图层"选项时，该按钮将被激活，单击后将在定义源图像时忽略图层中的调整图层。

下面介绍如何使用"仿制图章工具"，其操作方法如下所述。

01 在Photoshop中打开随书配套资源"素材 \ 第5章 \ cat.jpg"文件，该图片是一副猫咪的照片，下面就来介绍如何使用"仿制图章工具"创建双胞胎猫咪的方法。

02 选择"仿制图章工具"，在其工具选项栏中选择合适的笔刷，设定"模式"和"不透明度"参数，选中"对齐"复选框，如图5.81所示。

03 按住Alt键（此时光标变为 形状），单击猫咪右耳尖，以定义源图像，如图5.82所示。

图5.81   图5.82

04 释放Alt键，在要得到复制图像的区域按住鼠标左键并拖动鼠标，此时图像中将出现十字光标与圆圈光标两个光标，其中十字光标为取样点，而圆圈光标为复制处，调整适当的画笔大小并摆放至要复制猫咪图像的位置，注意对齐位置，此时画笔内部将显示预览图像，如图5.83所示。

05 不断在新的位置拖动光标或单击，即可复制取样处的图像，最终得到完全一样的"双胞胎"猫咪，如图5.84所示。

图5.83   图5.84

> 进行复制操作时，如果按住Shift键，将会使橡皮图章以直线方式复制图像。多数初学者不会在开始使用"仿制图章工具"时选中"对齐"复选框，因此在操作时切记不要在完成仿制前释放鼠标按键，这样会重新开始一个新的仿制操作。当然在工具选项栏中选中"对齐"复选框，可以避免此类错误的发生。

在进行仿制操作时，往往不能得到大面积的仿制图像，其原因就是没有在工具选项栏中设置恰当的"画笔"参数，实际上这一参数的设置与画笔类型的选择决定了是否能够得到令人满意的仿制效果。

▶ 5.5.5 图案图章工具

在操作方法与效果方面，"图案图章工具"与"仿制图章工具"基本相同。与"仿制图章工具"不同的是，"图案图章工具"使用一个自定义或者预设的图案覆盖操作区域。

图案图章工具选项栏如图5.85所示，除了可以选择要应用的图案外，其他选项和"仿制图章工具"的是一样的。

图5.85

▶ 5.5.6 红眼工具

利用"红眼工具"可以去除照片上人物的红眼。选择"红眼工具"后，其工具选项栏如图5.86所示。

图5.86

下面用一个小实例来介绍其具体操作方法。

01 在Photoshop中打开随书配套资源"素材 \ 第5章 \ redeye.tif"文件，如图5.87所示。

02 选择"红眼工具"，在其工具选项栏中设置"瞳孔大小""变暗量"等参数，也可以采用默认的设置。

03 在人物眼睛的位置处拖动鼠标制作一个类似矩形选区的选框以将眼睛框选，释放鼠标左键后，即可得到如图5.88所示的没有红眼的效果。

图5.87

图5.88

5.6 图像修改工具

常用的Photoshop图像修改工具包括：模糊工具、锐化工具、涂抹工具、减淡工具、加深工具和海绵工具等。

▶ 5.6.1 模糊工具

"模糊工具" ◌ 可以将突出的色彩分解，使僵硬的边界变得柔和，颜色过渡更平缓，起到一种模糊图像局部的效果。其选项栏如图5.89所示。

- 画笔：设置画笔的大小、硬度，同时也可应用动态画笔选项。画笔越大，图像被模糊的区域也越大。
- 模式：选择操作时的混合模式，它的意义与图层混合模式相同。
- 强度：设置画笔的力度。数值越大，一次操作得到的模糊效果越明显。
- 对所有图层取样：选中该复选框，则将模糊应用于所有可见图层；否则只应用于当前图层。

使用"模糊工具"可以模糊图像并制作景深效果，如图5.90所示。

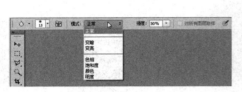

图5.89   图5.90

▶ 5.6.2 锐化工具

"锐化工具"与"模糊工具"相反，它通过增加颜色的强度，使颜色柔和的边界或区域变得清晰、锐利，用于增加图像的对比度，使图像变得更清晰。但是绝不能认为进行模糊操作后的图像再经过锐化处理就能恢复到原始状态。

"锐化工具"选项栏如图5.91所示，从中可以看到各选项与"模糊工具"的基本相同。

图5.91

▶ 5.6.3 涂抹工具

"涂抹工具" ◌ 能够通过推、拉、移等操作改变图像中像素的分布位置，从而得到手指涂抹作图的效果。如果图像在颜色与颜色之间的边界比较生硬，或颜色与颜色之间过渡不好，可以使用"涂抹工具" ◌ 将过渡颜色柔和化。"涂抹工具"选项栏如图5.92所示。

图5.92

这里需要特别介绍"手指绘画"选项，若选中此复选框，则可以使用前景色在每一笔的起点开始，向鼠标拖曳的方向进行涂抹；如果不选中，则涂抹工具用起点处的颜色进行涂抹。

对图像进行涂抹的效果如图5.93所示。

图5.93

5.6.4　减淡工具

"减淡工具" 🔍又称为加亮工具，它是传统的暗室工具。使用它可以加亮图像的某一部分，使之达到强调或突出表现的目的，同时对图像的颜色进行减淡。"减淡工具"选项栏如图5.94所示。

图5.94

- 画笔：在其中选择一种画笔，以定义使用"减淡工具" 🔍操作时的笔刷大小和硬度。画笔越大，操作时提高的区域也越大。
- 范围：用于定义"减淡工具" 🔍应用的范围。其共有3个选项，即"阴影""中间调""高光"。选择"阴影"，则只作用于图像的暗色部分；选择"中间调"，则只作用于图像中暗色和亮色之间的部分；选择"高光"，则只作用于图像的亮色部分。
- 曝光度：用于定义使用"减淡工具"操作时的淡化程度。数值越大，提亮的效果越明显。

使用"减淡工具"处理图像的前后效果对比如图5.95所示。

图5.95

5.6.5　加深工具

"加深工具" 🔍又称为加暗工具，与"减淡工具"相反，它通过使图像变暗来加深图像的颜色。"加深工具"通常用来加深图像的阴影或对图像中有高光的部分进行暗化处理。"加深工具"选项栏如图5.96所示，与"减淡工具"的选项栏完全相同，其使用方法也与"减淡工具"的完全相同，不过作用的效果恰好相反。

图5.96

使用"加深工具"处理图像的前后效果对比如图5.97所示。

图5.97

▶ 5.6.6　海绵工具

"海绵工具"　　可精确地更改区域的色彩饱和度。当图像处于灰度模式时，该工具通过使灰阶远离或靠近中间灰色来增加或降低对比度。"海绵工具"选项栏如图5.98所示。

图5.98

在"模式"下拉列表中，可以设置"海绵工具"是进行"降低饱和度"还是"饱和"。选择"降低饱和度"可以降低图像颜色的饱和度，一般用它来表现比较阴沉、昏暗的图像效果。选择"饱和"则可以增加图像颜色的饱和度。

"自然饱和度"选项能使图像颜色的饱和度不会溢出，即仅调整与已饱和的颜色相比那些不饱和的颜色和饱和度。

使用"海绵工具"增加图像饱和度的前后效果对比如图5.99所示。

图5.99

5.7 思考与练习

1. 选择题

（1）下面的工具中，不属于修图工具的是_____。

　　A. 红眼工具　　　　B. 混合画笔工具　　C. 修复画笔工具　　D. 仿制图章工具

（2）除"魔棒工具"有容差外，下面_____也有此选项。

　　A. 橡皮擦工具　　　　B. 背景橡皮擦工具　　C. 渐变工具　　　　D. 以上都不对

（3）下面哪一个工具，不能设置透明度_____。

　　A. 画笔工具　　　　B. 仿制图章工具　　C. 颜色替换工具　　D. 橡皮擦工具

2. 问答题

（1）"魔术橡皮擦工具"的工作原理是什么？

（2）"污点修复画笔工具"与"修改画笔工具"有何异同？

3. 上机练习

（1）打开随书配套资源"素材＼第5章＼ds.jpg"文件（图5.100），使用修图工具去掉人物脸上的眼袋与黑痣。

（2）打开随书配套资源"素材＼第5章＼014.jpg"文件（图5.101），使用"仿制图章工具"复制图像中的草莓，使之充满篮筐。

图5.100

图5.101

第6章 输入和编辑文字

>> 本章导读

　　Photoshop提供了非常强大的文字编辑与处理功能,可以改变文字的字体、字号等属性,也可以通过变形文字,将文字绕排于路径等操作使文字具有特殊的效果。本章将详细介绍文字的输入、编辑、修改、艺术化处理等方面的知识与相关的操作技巧。

>> 学习要点

- 横排与直排文字
- 点文字与段落文字
- 编辑文字
- 文字的转换
- 在路径上创建文本
- 创建变形文字

6.1 Photoshop中的文字处理

　　文字是多数设计作品中的重要组成部分,尤其是商业作品中不可或缺的重要元素,有时甚至在作品中起着主导作用。Photoshop除了提供丰富的文字属性设计及版式编排功能外,还允许自行对文字的形状进行编辑,从而制作出更多、更丰富的文字效果。

▶ 6.1.1 文字在平面设计中的作用

　　文字是文化的载体及重要组成部分。在视觉媒体中,文字和图像都是两大构成要素。恰当地使用文字,能够点缀、修饰画面,能对作品起到画龙点睛的作用。

　　图6.1所示为平面广告作品中的文字;图6.2所示为书籍装帧作品中的文字;图6.3所示为文字类VI设计作品。

　　文字在各类设计作品中均起着非常重要的作用。实际上,许多设计作品甚至完全由文字构成而不需要任何图形,如图6.4所示。

图6.1

图6.2

图6.3　　　　　　　　　　　　　　　　　　图6.4

上面展示的各类作品中，文字以各种不同的排列状态、字体、字号等形式出现。如果能够掌握本章有关文字方面的技能，就能够以不变应万变，让文字在各类设计作品中起到点睛的作用。

▶ 6.1.2　了解文字图层

在Photoshop中输入文字时，会生成一个对应的文字图层，该图层中保存了输入的文字内容，能够根据需要随时修改文字图层中的文字内容及文字属性。由于文字本身的矢量特性，在文字图层上无法进行绘画或基于像素的编辑，例如无法使用滤镜。

图6.5所示为一幅商业作品及对应的"图层"面板。在该作品中，主体的文字图像就是通过输入文字，并配合图层样式渲染效果来完成的。

图6.5

6.2　输入文字

输入文字的工作可以利用任何一种输入法完成。由于文字的字体和大小决定其显示状态，因此需要恰当地设置文字的字体、字号。

除此之外，还需要关注文字的排列形式，如水平、垂直编排形式等，以得到丰富的文字效果。

图6.6所示为水平形式编排的文字效果。图6.7所示为海报及商业设计作品中应用垂直排列文字的效果。图6.8所示为商业海报及书籍封面设计中应用倾斜排列文字的效果。

图6.6

图6.7

图6.8

本节介绍了如何为设计作品添加水平及垂直排列的文字，及如何将水平或垂直排列的文字改变为倾斜排列。

6.2.1　输入横排文字

水平排列是最常见的文字编排形式。为设计作品添加水平排列文字的操作步骤如下所述。

01 在工具箱中选择"横排文字工具"。

02 设置横排文字工具选项栏，如图6.9所示。

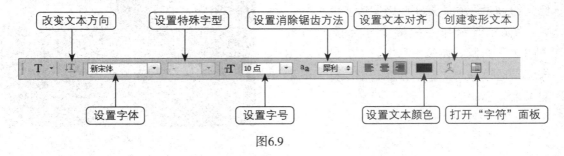

图6.9

03 在图像中要放置文字的位置单击，插入一个文本光标，如图6.10所示。在光标后面输入要添加的文字，如图6.11所示。

图6.10   图6.11

04 如果在输入文字时希望文字出现在下一行，可以按Enter键，使文本光标出现在下一行，如图6.12所示，然后再输入其他文字，如图6.13所示。

图6.12   图6.13

05 对于已输入的文字，可以在文字间插入文本光标，再按Enter键，将文字进行转行，如图6.14所示。

06 如果希望将两行文字接排，可以在上一行文字的最后插入文本光标，并按Delete键完成操作。

07 输入文字时，工具选项栏的右侧将出现"提交所有当前编辑"按钮和"取消所有当前编辑"按钮。输入所有文字后，可以单击工具选项栏中的"提交所有当前编辑"按钮，确认已输入的文字；如果单击"取消所有当前编辑"按钮，则可以取消输入操作，如图6.15所示。

图6.14

提示 通过前面的介绍，各位读者一定已经习惯了使用快捷键，如使用Enter键来确定当前操作。但是在输入文字的过程中，Enter键的作用是换行，而不是确认完成操作。如果要确认完成操作，应该使用小键盘上的Enter键或者按Ctrl+Enter组合键。

图6.15

▶ 6.2.2 输入直排文字

输入垂直文字与输入水平文字的方法相似,在工具箱中选择"直排文字工具",然后在图像中单击并在光标后面输入文字,则可以得到呈垂直排列的文字,其效果如图6.16所示。

无论输入水平排列的文字还是垂直排列的文字时,当光标处于文字行区域内则显示为文本光标,但如果将鼠标移动到文字行区域外,则文本光标将转变为移动工具光标,用此光标可以直接移动正在输入的文字,以改变文字的位置,如图6.17所示。

图6.16

图6.17

在文字输入状态下,可以按住Ctrl键,使文字周围显示变换控制句柄,如图6.18所示。

在此状态下不仅可以通过拖动控制句柄改变正在输入文字的大小,还可以改变文字的倾斜角度,如图6.19所示。

执行完变换操作后释放Ctrl键,重新返回文字输入状态。

可以使用上述方法对水平文字进行操作。如果在操作时按住Ctrl键并拖动控制手柄，则可以放大文字，其作用类似于调整文字的字号。

图6.18

图6.19

6.2.3 创建倾斜文字

前面提到在输入文字过程中可以按住Ctrl键使文字的周围显示变换控制句柄以控制文字的角度，其实在完成文字输入后，按Ctrl+T组合键也可以调出控制框以改变文字的旋转角度。

图6.20所示为水平排列的文字；图6.21所示为按Ctrl+T组合键并改变文字旋转角度的效果；图6.22所示为确认旋转变换操作后倾斜排列的文字。

图6.20

图6.21

图6.22

采用同样的方法对垂直排列的文字进行操作，同样可以得到倾斜排列的文字，其操作较为简单，故不再赘述。

6.2.4 转换横排文字与直排文字

文字的排列方式与创建文字前选择的文字工具有关。在完成文字输入后，也可以根据需要相互转换水平文字及垂直文字的排列方向，其操作步骤如下所述。

01 在工具箱中选择"横排文字工具"或"直排文字工具",然后单击目标文字。

02 执行下列操作中的任意一种,即可改变文字方向。

● 单击工具选项栏中的"切换文本取向"按钮,可转换水平及垂直排列的文字,如图6.23所示。

图6.23

● 执行"图层"→"文字"→"垂直"命令,将文字转换成为垂直排列。

● 执行"图层"→"文字"→"水平"命令,将文字转换成为水平排列。

▶ 6.2.5 创建文字型选区

在Photoshop中可以以文字轮廓创建选区,从而得到更加丰富的图像效果。创建的文字选区同样有水平和垂直两种排列方式。

文字型选区是一类特别的选区,具有文字外形。创建文字型选区的步骤如下所述。

图6.24

01 在工具箱中选择"横排文字蒙版工具"或"直排文字蒙版工具",这些工具也出现在横排文字工具组中,如图6.24所示。

02 在图像中单击,插入文本光标。

03 在文本光标后面输入文字,在输入状态中图像背景呈现淡红色且文字为实体,如图6.25所示。

04 在工具选项栏中单击"提交所有当前编辑"按钮,退出文字输入状态,即可得到如图6.26所示的文字型选区。

许多初学者在获得文字型选区时,忽略了文字输入状态的特殊性。实际上,上面介绍的步骤3所指出的文字选区输入状态中,可以修改文字的字号、字体等,以便在确定后得到更符合要求的文字型选区。

图6.25

图6.26

使用文字型选区可以非常轻松地创建图像型文字，下面通过一个实例来介绍操作方法。

01 打开随书配套资源中的文件"素材＼第6章＼main.jpg"，在工具箱中选择"直排文字蒙版工具"，然后输入文字"DESIGN"，如图6.27所示。

图6.27

提示 由于图像型文字中图像的显示区域取决于文字型选区的形状，许多初学者选择字型较为纤细的字体，因此得到的选区很纤细，极大地限制了图像的显示区域，往往得不到较好的效果。本例中选择的字体是较粗的Impact字体。

02 单击"直排文字蒙版工具"选项栏中的"提交所有当前编辑"按钮✔，即可快速获得文字型选区，如图6.28所示。

03 打开随书配套资源中的文件"素材＼第6章＼designfill.jpg"，如图6.29所示。

04 按Ctrl+A组合键执行"全选"命令，然后按Ctrl+C组合键执行"拷贝"命令。

图6.28

05 切换至文字型选区所在图像，执行"编辑"→"选择性粘贴"→"贴入"命令，可得到如图6.30所示的图像型文字效果。

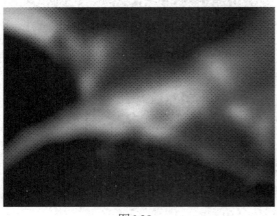

图6.29

图6.30

 如果执行"编辑"→"选择性粘贴"→"贴入"命令后，得到的图像没有很好地显示在选区中，可以在工具箱中选择"移动工具"，移动粘贴图像，直至得到较好的显示效果。

在制作类似上面的实例时，可能会产生这样的疑问，为什么要执行"贴入"命令，而不是直接在素材图片上输入文字选区，按Ctrl+J组合键复制得到带有图案的文字图层，或者直接使用"移动工具"，将带有图案的文字图层拖过来。这样的方法确实可行，但执行"贴入"命令可随时选中图案图层进行移动，从而实现变换图案的操作。

6.3 创建点文字和段落文字

前面概括性地介绍了文字的几种输入方式，本节则学习文字的表现形式。在Photoshop中文字的表现形式有两种：点文字和段落文字。根据输入文字时的操作方式不同可产生不同的文字类型。

▶ 6.3.1 创建点文字

点文字的文字行是独立的，即文字行的长度随文本的增加而变长，不会自动换行，如果需要换行必须按Enter键。输入点文字的操作步骤如下所述。

01 选择"横排文字工具"或"直排文字工具"。

02 用光标在图像中单击，出现文本插入点。

03 在工具选项栏或"字符"面板和"段落"面板中设置文字选项。

04 输入需要的文字，然后单击"提交所有当前编辑"按钮，即可创建点文字。

6.3.2　创建段落文字

在使用文本工具创建文字时，如果指定了文本框的边缘，文字就会自动换行，当改变文字框的边框时，文字会自动改变每一行显示的文字数量以适应新的文本框。输入段落文字的操作步骤如下所述。

01 选择"横排文字工具"或"直排文字工具"。

02 在页面中拖动光标创建段落文字定界框，如图6.31所示。

03 在工具选项栏或"字符"面板和"段落"面板中设置文字属性。

04 输入文字，然后单击"提交所有当前编辑"按钮，效果如图6.32所示。

图6.31

图6.32

如上所述，通过调整文本框可以改变文字的排列，其操作方法如下所述。

首先，用"文字工具"在图像的段落文本中单击，插入光标，此时即可显示文本框。

然后，将光标放在文本框的控制句柄上，待光标变为双向箭头时拖动，通过拖动，改变文本框，即可使文字段落的宽度与高度发生变化，如图6.33所示。

图6.33

6.3.3 转换点文字和段落文字

点文字和段落文字也可以相互转换，只需执行"文字"→"转换为点文本"命令，或执行"文字"→"转换为段落文本"命令即可。

许多初学者会觉得点文字和段落文字之间并无太大区别。除了点文字不能自动换行而段落文字可以自动换行外，对于段落文字而言，编辑大篇幅的文字时，可以在"段落"面板中调整段落样式以及控制首行缩进等，另外还可以直接拖动文本框以改变每一行的字数。

6.4 关于文字格式

文字格式包括文字的字体、字号、对齐方式等。在设计中之所以称文字是有性格的，正是由于当为文字设置了不同的格式后，能够使文字呈现出不同的情感特色。例如，为文字设置了较大的字号且设置其字体为黑体时，文字具有一种庄重与严肃的意味，给人力量感；为文字设置了小一些的字号并设置其字体为准圆体时，文字传递出一种圆润、娇柔的感觉。

字号、字体与行距等是设计中应用文字时最值得关注的几种文字格式，下面分别对其进行介绍。

6.4.1 字号

文字内容通常可以分为两种类型，一种是具有提示和引导作用的文字，如书刊的题名、篇目、广告和宣传品的导语口号等；另一种是篇幅较长的阅读材料和说明性文字，如书刊的正文、图片说明和广告文案、包装盒上的商品介绍等。前者需要引发不同程度的视觉关注，后者则对易读性提出了较高的要求。

由此可见，题名、篇目、广告文字、宣传语等需要引起读者关注的文字必须使用较大的字号来编排；而内文或者说明性的文字则可以使用字号较小、字体阅读性较好的文字来编排。例如，在图6.34所示的广告作品中，所有用于说明汽车性能的数字均使用了较大的字号，以吸引读者的注意，当读者对广告发生兴趣后，自然会阅读字号较小、内容较丰富的说明性文字。

按文字的重要程度将文字编排成大小不一、错落有致的文字组合，是需要设计者长时间练习的一种基本技能。如果无法轻松驾驭文字的排列、组合，就不可能设计出好的作品。图6.35所示的广告作品在字号、字体和组合等方面均有出色的设计。

字号具有不同的计量标准，国际上通用的字号是点制，而国内则是以号制为主，点制为辅。

号制可以分为四号字系统、五号字系统、六号字系统等。其中，四号字比五号字要大，五号字又比六号字大，以此类推。

图6.34 图6.35

点制又称为磅制（P），是以计算文字外形的"点"值为衡量标准的。根据印刷行业标准的规定，字号的每一个点值的大小等于0.35 mm，误差不得超过0.005 mm，如五号字换成点制就等于10.5点，也就是3.675 mm。外文字全部都以点来计算，每点的大小约等于1/72 inch，即等于0.35146 mm。

字号的大小除了号制和点制外，在传统照排文字时还以mm为计算单位，称为"级"。每一级等于0.25 mm，1 mm等于4级。照排文字能排出的文字大小一般在7～62级之间，也有7～100级的。

在Photoshop中，执行"编辑"→"首选项"→"单位与标尺"命令，在弹出的对话框中将字号的计算单位设置为毫米、点、像素三者之一，如图6.36所示。

为了使标题醒目，文字的字号一般在14点以上；而正文字号一般为9～12点；文字多的版面，字号可以为7～8点。字号越小，精密度越高，整体性越强，但阅读效果也越差。

当然，上面所指出的数值也需要根据具体的版面大小而灵活变化。

图6.36

▶ 6.4.2 中文字体

字体是文字的外观表象，不同的字体能够通过不同的表象为读者带来丰富多彩的情感体验。设计领域的专家们发现，由细线构成的文字易让人联想到纤维制品、香水、化妆品等物品；笔画拐角圆滑的文字易让人联想到香皂、糕点和糖果等物品；而笔画具有较多角形的文字能让人联想到机械类、工业用品类的物品等。不同的文字在被设置为不同的字体后，具有不同的笔画外观或者整体外形，因此能够传达出不同的设计理念。

由于每一件设计作品都有其相应的主题及特定的浏览人群，因此在作品中设置文字的字体时就应该慎重考虑。字体的选择是否得当，将直接影响整个作品的视觉效果以及主题传达的效果。

下面简述中文字体中常见常用的几种字体的特点。

（1）小篆：人们对文字进行收集、整理、简化，最终形成小篆。小篆是古文字史上第一次文字简化运动的总结。小篆的特征是字体竖长、笔画粗细一致、行笔圆转、典雅优美。小篆的缺点是线条用笔书写起来很不方便，所以在汉代以后就很少使用了，但在书法印章等方面却得以发扬，其效果如图6.37所示。

（2）隶书：将小篆字形改为方形，笔画改曲为直，结构更趋向简化，横、点、撇、挑、钩等笔画开始出现，后来又增加了具有装饰意味的"波势"和"挑脚"，从而形成一种具有特殊风格的字体。隶书的特点是平整美观、活泼大方、端庄稳健、古朴雅致，是在设计作品中用于体现古典韵味的最常用的一种字体，其效果如图6.38所示。

图6.37

图6.38

（3）楷书：即"楷体书"，又称"真书""正书""正楷"等，是一种字体端正、结构严谨、笔画工整的书法风格。楷书的字形规范，每个字都有固定的笔画顺序和结构，这使得楷书在书写时更加规范和统一。此外，楷书的笔画粗细适中，既不会过于粗壮，也不会过于纤细，给人一种稳重而又不失灵动的感觉，效果如图6.39所示。

（4）草书：即"草体书"，包括章草、今草、行草等。由于草书字字相连、变化多端、较难辨认，在设计中多将其作为装饰元素来处理。

（5）行书：即"行体书"，是介于草书和楷书之间的一种字体。行书在风格上灵活自然、气脉相通，在设计中也很常用，效果如图6.40所示。

图6.39

图6.40

（6）黑体：因笔画较粗而得名。它的特点是横竖笔画粗细一致、方头方尾。黑体字在风格上显得庄重有力、朴素大方，多用于标题、标语、路牌等的书写，在许多字库中提供了大黑、粗黑、中黑等三种黑体字体。大黑体的文字效果如图6.41所示。

（7）圆体：由于圆体文字圆头圆尾、笔画转折圆润，许多人都感觉准圆体较贴近女性特有的气质。同样，可以在中圆、准圆、细圆等三种圆体变体中选择一种应用在作品中，应用了准圆体的文字效果如图6.42所示。

图6.41　　　　　　　　　　　　　　图6.42

除上述字体外，秀英体、琥珀体、综艺体、咪咪体、柏青体、金书体等字体开发商所提供的计算机字体也各具不同特色，因此能够应用在不同风格的版面中。

> **提示** 在一个版面中，选用2~3种字体为最佳效果视觉，超过三种以上则会显得杂乱，缺乏整体感。版面视觉效果要达到丰富感与变化性，可将有限的字体加粗、变细、拉长、压扁，或者调整行距的宽窄以及变化字号的大小等。

6.4.3　英文字体

与中文字体相比，英文字体的数量显得更多。原因在于，英文仅包含26个字母，这在设计新字体时大大减少了工作量。一旦设计师熟悉了设计流程，他们可能在几周内就能完成一款新的英文字体设计。相比之下，中文字符数量庞大，一个设计师可能需要数月甚至几年时间来创建一个完整的中文字体库。

与中文字体一样，不同的英文字体也能够体现出浪漫或庄重、规正或飘逸等不同的气质，因此在选择字体方面同样需要根据作品的氛围而定。

图6.43中的英文所应用的字体名称为"English111 Vivace"，这种字体能够散发出一种浪漫的气息。

图6.44中的英文所应用的字体名称为"Times New Roman"，这种字体是最为常用而且也最为正规的一种字体，常用于英文的正文。

图6.45中的英文所应用的字体名称为"Impact"，这种字体由于其笔画较粗，因此在使用方面有些近似于中文字体中的黑体。

图6.43　　　　　　　　　图6.44　　　　　　　　　图6.45

如果要表现活泼、可爱的主题，可以采用图6.46所示的字体效果。

如果希望文字具有较强的装饰性，则可以采用图6.47所示的字体效果。

除此之外，英文字体中还有用于增强版面横向视觉流程的字体（如图6.48所示）以及用于增强版面竖向视觉流程的字体（如图6.49所示）。

图6.46

图6.47

图6.48

图6.49

从上面的示例可以看出，相对于中文字体而言，英文字体的选择性更丰富，这就要求设计者不仅要了解丰富的字体类型，更要知道在哪一种情况下使用哪一种英文字体可以增强版面的表现力。

▶ 6.4.4　行距

行距是决定版面形式和影响易读性的重要因素之一。行距过窄，上下文字相互干扰，没有一条明显的水平空白带引导，目光难以沿字行扫视；而行距过宽，太多的空白使字行不能体现较好的延续性，因此设计者应该特别注意行距可能带来的阅读问题。通常行距为字号的120%，即文字为10点，则行距为12点。

图6.50所示为行距正常的版面效果；图6.51所示为行距过大的版面效果；图6.52所示为行距过小的版面效果。

图6.50

图6.51

图6.52

▶ 6.4.5 设置文字格式

"字符"面板可以对字符的属性进行全面设置，其使用方法如下所述。

01 在"图层"面板中双击要设置字符的文字层缩览图，或用"文字工具"在图像的文字上双击，以选中当前段中的文字，文字在选中的状态下是以反白状态显示的，如图6.53所示。

02 在工具选项栏中单击"切换字符和段落面板"按钮，弹出"字符"面板，如图6.54所示。

图6.53

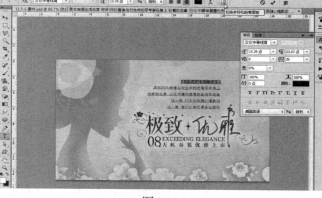

图6.54

03 设置属性后，单击工具选项栏中的"提交当前所有编辑"按钮进行确认。

"字符"面板功能强大，其各项属性如图6.55所示。

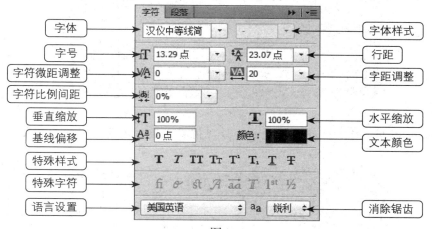

图6.55

下面将分别对其中的常用参数进行详细介绍。

● 字体：单击右侧的下拉按钮，可在弹出的下拉列表中选择不同的字体。

● 字体样式：针对不同的字体，在其下拉列表中可以选择不同的字体样式，例如加粗、斜体等。

● 字号：在此文本框中输入数值，或在其下拉列表中选择一个数值，可以设置文字的大小。

- 行距：在此文本框中输入数值，或在其下拉列表中选择一个数值，可以设置两行文字之间的距离，数值越大，行间距越大。图6.56所示为行间距调整后的效果。

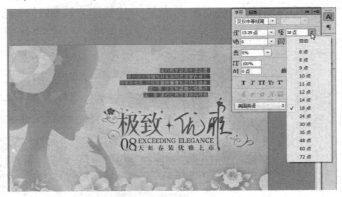

图6.56

- 字符微距调整：在文本框中输入数值，或在其下拉列表中选择一个数值，可以设置光标距前一个字符的距离。

- 字距调整：只有选中文字时此参数才可用，此参数控制所有选中文字的间距，数值越大，间距越大。图6.57所示是为同一段文字设置不同文字间距的效果。

图6.57

- 字符比例间距：比例间距按指定的百分比值减少字符周围的空间，最大值为100%，如图6.58所示。

图6.58

- 垂直缩放：在此文本框中输入百分比，可以调整字体垂直方向上的比例。
- 水平缩放：在此文本框中输入百分比，可以调整字体水平方向上的比例。
- 基线偏移：此参数仅用于设置所选文字的基线值，在文本框中输入数值，若为正数则向上移，若为负数则向下移。
- 文本颜色：单击此颜色块，在弹出的"选择文本颜色"对话框中可以设置字体的颜色。
- 特殊样式：单击其中的按钮，可以将所选的字体改变为相应的形式显示。其中的按钮依次代表粗体、斜体、全部大写、小型大写、上标、下标、下画线和删除线，其中"全部大写""小型大写"只对Roman字体有效。图6.59所示分别为各段文字设置了不同的字符样式后的效果。

- 消除锯齿：在此下拉列表中选择一种消除锯齿的方法，以设置文字边缘的光滑程度，通常情况下选择"平滑"选项。

图6.59

6.5 关于段落属性

了解段落格式与了解文字格式具有相同的重要性。在不同的设计作品中应该为文字段落赋予不同的段落格式，只有这样才能使文字段落为整个设计作品服务。

段落格式包括段落的对齐方式、段落间距等段落属性。其中，段落的对齐方式会影响读者的阅读方式，因此为不同的版面选择不同的文字段落对齐方式显得非常重要，尤其值得学习与注意。下面介绍应用最多的三种段落对齐方式。

▶ 6.5.1 左右均齐

文字段落从左端到右端的长度均齐，字群显得端正、严谨、美观。此对齐方式是目前书籍、报刊较常用的一种，如图6.60所示。

图6.60

▶ 6.5.2　居中对齐

居中对齐方式以中心为轴线，两端字距相等，其特点是使视线更集中，中心更突出，整体性更强。用文字居中对齐的方式配置图片时，文字的中轴线最好与图片的中轴线对齐，以取得版面视线统一的效果，如图6.61所示。

图6.61

▶ 6.5.3　齐左或齐右

齐左或者齐右的对齐方式有松有紧、有虚有实，强调了节奏感。齐左或者齐右对齐文字后，行首或者行尾自然出现一条清晰的垂直线，在与图片的配合上易协调并可取得统一视点。

齐左显得自然，符合阅读时视线移动的习惯；齐右则不太符合阅读时的习惯及心理，因而较少使用，但齐右的文字编排方式会使文字段落显得较为新颖。

齐左的版面效果如图6.62所示。

齐右的版面效果如图6.63所示。

图6.62

图6.63

除上述三种文字的对齐方式外，也可以按图6.64所示的效果自由排列文字段落。

图6.64

6.5.4　设置段落格式

"段落"面板主要用于为大段文本设置对齐方式和缩进等属性，其使用方法如下所述。

01 选择"文字工具"，在要设置段落属性的文字中单击。如果要一次性设置多段文字的属性，可选中这些段落中的文字。

02 单击"段落"标签，显示"段落"面板，如图6.65所示。

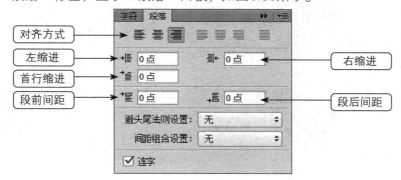

图6.65

- 对齐方式：单击其中的选项，光标所在的段落以相应的方式对齐。
- 左缩进：设置文字段落的左侧相对于左定界框的缩进值。
- 右缩进：设置文字段落的右侧相对于右定界框的缩进值。
- 首行缩进：设置选中段落的首行相对于其他行的缩进值。
- 段前间距：设置当前文字段与上一文字段之间的垂直间距。
- 段后间距：设置当前文字段与下一文字段之间的垂直间距。
- 连字：设置手动或自动断字，仅适用于Roman 字符。

03 完成属性设置后，单击工具选项栏中的"提交所有当前编辑"按钮进行确认。

图6.66所示中的第2段为已经改变段落的对齐方式及左缩进值、右缩进值、段前间距值和段后间距值的效果。

图6.66

6.6　文字的转换

创建的文字将作为独立的文字图层在图像中存在，为使图像效果更加美观，可以将文字图层转换为普通图层、形状图层或路径，以应用更多Photoshop功能，创建更绚丽的效果。

6.6.1　将文字转换为图像

文字图层具有很多编辑的缺陷性，因此如果希望在文字图层中进行绘画或执行颜色调整命令、滤镜命令对文字图层中的文字进行编辑，可以执行"图层"→"栅格化"→"文字"命令，将文字图层转换为普通图层，如图6.67所示。

图6.68所示为将文字转换成为图像（普通图层）后的效果。

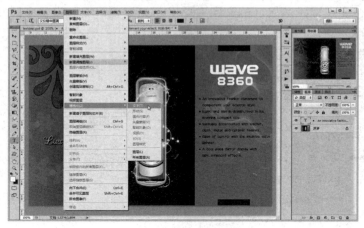

图6.67   图6.68

 将文字图层转换为普通图层有较多优点，比如对文字图层不能应用滤镜，而调整色彩只能以调整图层的形式来应用等。但当文字图层转换为普通图层后，就可以对其应用前面所介绍的所有操作。更为重要的是，在Photoshop中应用一些较为特殊的字体时，当需要在其他计算机上打开文件时往往会出现字体缺失需要替换的问题，而一旦替换这些字体很可能会影响设计的效果。在这种情况下，可以考虑将文字图层转换为普通图层，以便于此文件在不同的计算机中打开。

▶ 6.6.2 将文字转换为路径

执行"图层"→"文字"→"创建工作路径"命令，可以由文字图层得到与文字外形相同的工作路径。图6.69所示为由文字图层生成的路径。

此操作与将文字图层转换成形状图层的不同之处在于，文字图层转换成为形状图层后，该图层不再存在。而生成路径后，文字图层仍然存在。

文字的字体毕竟是有限的、格式化的，从文字生成路径的优点就在于能够通过对路径进行描边、编辑等操作，得到具有特殊效果的文字。图6.70和图6.71所示的效果均能通过先输入标准字体，再将文字转换成为路径，最后对路径进行编辑得到异形字体的方法得到。

图6.69

图6.70

图6.71

事实上，一般所创作的艺术文字更多的可能就是将文字图层转换为图像或者形状路径等，再对其进行编辑得到的效果。

6.6.3 将文字转换为形状

执行"文字"→"转换为形状"命令，可将文字转换为与其轮廓相同的形状，文字图层也会被转换成为形状图层，如图6.72所示。

图6.73所示为将选定的文字图层转换为形状图层后的"图层"面板。

图6.72

图6.73

将文字图层转换成形状图层的优点在于能够通过编辑形状图层中的形状路径节点得到异形文字效果，如图6.74所示。

将文字图层转换成形状图层后文字图层将不再存在，因此无法再进行字体、字号等方面的操作。

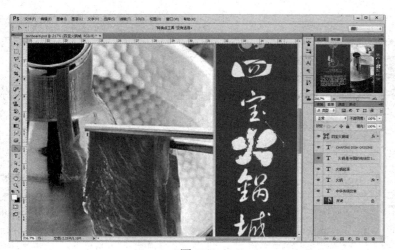

图6.74

6.7 在路径上创建文本

利用文字绕排于路径的功能，可以将文字绕排于任意形状的路径，实现如图6.75所示的设计效果。

图6.75

对于设计者而言，可以使用这一功能将文字绕排为一条引导读者目光的流程线，从而使读者的目光跟随设计者的意图而流动。

▶ 6.6.1 制作沿路径绕排文字的效果

Photoshop允许制作沿路径绕排效果的文字，使用户可以像在矢量软件中一样，制作出更加丰富的文字排列效果。下面通过一个实例来介绍制作沿路径绕排文字的方法。

01 在Photoshop中打开随书配套资源中的文件"素材\第6章\textattach.tif"，如图6.76所示。

02 选择"钢笔工具"，在工具选项栏上单击"路径"按钮，在画布中沿蓝色线条的曲线绘制一条路径，如图6.77所示。

168

图6.76   图6.77

03 设置前景色为黑色，选择"横排文字工具"，并设置适当的字体和字号等文字属性，将鼠标指针置于路径的顶端，此时鼠标指针将在表示文字输入的I型光标下面显示一根曲线 ，表示将创建路径文本，如图6.78所示。

04 在路径上单击以插入一个文本光标，然后输入文字"Just Do Your Best! Come On!!"，如图6.79所示。按Ctrl+Enter组合键确认输入文字，即可完成操作。

图6.78   图6.79

05 在刚输入文字的右上方再输入一段文字，确认输入后结合自由变换控制框将其旋转一定角度，并调整其位置，如图6.80所示。

此时的"图层"面板如图6.81所示。

图6.80   图6.81

6.6.2 理解沿路径绕排文字

通过上面介绍的操作实例，相信读者已经能够清晰地看出沿路径绕排的文字是借助于路径来实现的，由此可知路径是实现沿路径绕排文字的本质。

制作完成沿路径绕排的文字后，"路径"面板中将会自动生成一条新的路径（如图6.82所示），其名称与沿路径绕排的文字相同，这条路径被称为"绕排文字路径"。

这条路径与绘制的普通路径有以下不同之处。

- 此路径属于暂存路径，即在"图层"面板中选择绕排于路径的文字所在的图层时，此路径显示，反之则隐藏。
- 无法通过在"图层"面板中单击"删除当前路径"按钮或者将该路径拖动至"删除当前路径"按钮上删除该路径。
- 此路径无法更改名称。
- 双击此路径，弹出"存储路径"对话框，可以将此路径保存为普通路径，如图6.83所示。

图6.82

图6.83

6.6.3 在路径上移动文字

要移动路径上的文字，可以使用"路径选择工具" 将其置于文字的最前端，此时光标变为 形状，然后按住鼠标左键沿路径拖动文字，即可调整其位置，如图6.84所示。

另外，还可以在光标变为 形状后，直接在路径上单击，此时路径绕排文字的始端文字就会自动移至单击的位置。

图6.84

170

▶ 6.6.4　在路径上翻转文字

　　在路径上翻转文字，即指让文字以路径线为基准进行对称性的翻转操作。其操作方法比较简单，选择"路径选择工具"，将其置于文字上，此时光标变为 形状，然后按住鼠标左键，将其向相反的方向拖动即可。图6.85所示为将文字翻转以后得到的效果。

图6.85

▶ 6.6.5　更改路径绕排文字的属性

　　虽然路径绕排文字有其自身的特殊性，但位于路径上的文字仍然具备文字应有的属性，也允许随时根据需要修改其属性，其操作方法也与改变普通的文字内容完全相同。图6.86所示是将文字修改为不同字体后得到的效果。

图6.86

▶ 6.6.6　修改路径绕排文字的形态

　　前面介绍的都是关于修改路径绕排文字中的文本内容，在创建了路径绕排后，同样可以编辑文字绕排的形状，操作方法与编辑普通路径是完全相同的，同时修改了路径的形态后，与之对应的文字形态也会发生变化，如图6.87所示。

　　实际上，创建了路径绕排文字后，不仅会得到一个对应的文字图层，同时在"路径"面板中也会生成一个对应的"路径"，该路径与文字图层的名称是吻合的，如图6.88所示。

　　值得一提的是，该路径是与文字图层相对应的，当选择了路径绕排文字所在的文字图层时，"路径"面板中就会显示出对应的路径，否则该路径则不显示出来。

图6.87

图6.88

▶ 6.6.7 创建异形文字段落

除了可以使文字沿路径进行绕排外，在Photoshop中还可以将其容纳在一个规则或不规则的路径形状内，从而改变段落文字的外部形状，如图6.89所示。

下面通过一个实例，介绍如何将文字置于图形中。

01 打开随书配套资源中的文件"素材\第6章\figure.psd"，如图6.90所示。

图6.89

图6.90

02 选择"钢笔工具"，绘制需要添加的异形轮廓，如图6.91所示。

03 选择"横排文字工具"（根据需要也可以选择其他文字工具），并在其工具选项栏中设置适当的字体和字号，将工具光标置于步骤2所绘制的路径中间，直至鼠标指针转换成 状态，如图6.92所示。

04 在路径中单击一下（不要单击路径线），输入文字，即可得到所需的效果，如图6.93所示。

执行上述步骤后，"路径"面板中将生成一条新的轮廓路径，其名称即为路径中的文字，如图6.94所示。

图6.91

图6.92

图6.93

图6.94

利用Photoshop这一强大的功能能够轻松实现图6.95所示的文字绕图效果。

图6.95

　　对于具有异形轮廓的文字，同样可以通过各种方法修改文字的各种属性，其中包括字号、字体、水平或垂直排列方式等。图6.96所示为切换文本方向并且修改字号属性之后的效果。

　　除此之外，还可以通过调整路径的曲率、角度、节点的位置来修改被纳入到路径中文字的轮廓及形状。如果通过修改路径的节点位置及控制句柄的方向改变路径的形状，则排列于路径中的文字外形也将随之发生变化。

图6.96

6.8 创建扭曲变形的文字效果

除了通过路径创建变形文字效果外，Photoshop还提供了自带的文字变形功能，方便快速创建扭曲变形的文字效果。

▶ 6.8.1 快速创建变形文字

对文字图层可以应用扭曲变形操作，利用这一功能可以使设计作品中的文字效果更加丰富。图6.97所示为使用扭曲变形文字得到的效果。

下面以制作图6.98所示的广告为例，介绍如何制作扭曲变形的文字。

图6.97

图6.98

01 打开随书配套资源中的文件"素材\第6章\sample.psd"，如图6.99所示。

02 将前景色值设置为ffffff（白色），背景色值设置为f2f69f，如图6.100所示。

Photoshop CS6

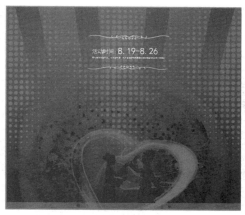

图6.99

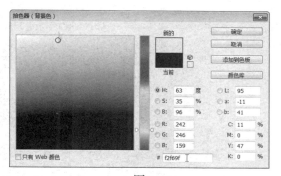

图6.100

03 选择"直排文字工具"，并在其工具选项栏中设置适当的字体和字号，在图像中单击，输入"爱上爱 · 折上折"等文字，如图6.101所示。

04 单击工具选项栏中的"创建文字变形"按钮，打开"变形文字"对话框。单击"样式"下拉按钮，弹出变形选项，如图6.102所示。

图6.101

图6.102

05 在"样式"下拉列表中选择"扇形"选项，设置"变形文字"对话框中的参数如图6.103所示。

06 单击"变形文字"对话框中的"确定"按钮，确认变形效果。

07 选择"移动工具"，按Ctrl+T组合键调出自由变换框，逆时针旋转文字20°（也就是在工具选项栏的"旋转"框中填入–20），按Enter键确定并适当调整其位置，得到如图6.104所示的效果。

08 此时文字不突出，下面为其添加一个

图6.103

Chapter 06

描边来进行修饰。在"图层"面板底部单击"添加图层样式"按钮，在弹出的菜单中分别执行"渐变叠加"和"描边"命令，如图6.105所示。

图6.104　　　　　　　　　　　　　　　　图6.105

09 在弹出的对话框中分别进行"渐变叠加"和"描边"图层样式的参数设置，如图6.106所示。

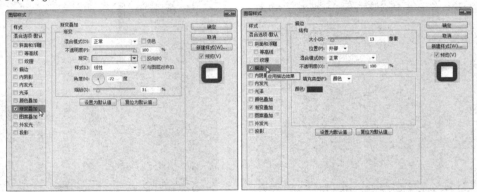

图6.106

10 确认后的效果如图6.107所示。

11 然后使用"横排文字工具"输入其他文字完成作品，最终效果如图6.108所示。

图6.107　　　　　　　　　　　　　　图6.108

下面介绍"变形文字"对话框中的重要参数。

- 样式：在此下拉列表中可以选择15种不同的文字变形效果。
- 水平/垂直：选择"水平"选项可以使文字在水平方向上发生变形，选择"垂直"选项可以使文字在垂直方向上发生变形。
- 弯曲：此参数用于控制文字扭曲变形的程度。
- 水平扭曲：此参数用于控制文字在水平方向上变形的程度，数值越大则变形的程度也越大。
- 垂直扭曲：此参数用于控制文字在垂直方向上变形的程度。

▶ 6.8.2　取消文字变形效果

如果要取消文字变形效果，可以在文字被选中的情况下，在"变形文字"对话框的"样式"下拉列表中选择"无"选项，这样文字的变形效果将消失，如图6.109所示。

图6.109

6.9　思考与练习

1．填空题

（1）要得到文字形状的选区，可以使用_____工具或_____工具。

（2）在Photoshop中，设置文字的行间距需要使用_____面板，设置首行缩进需要使用_____面板。

（3）要对文字进行渐变填充，必须先_____才可以进行。

2．问答题

（1）输入文字有哪几种方式？各有何特点？

（2）点文字与段落文字有什么区别？相互之间如何转换？

（3）文字工具和文字蒙版工具有何区别？

3．上机练习

（1）打开随书配套资源"素材 \ 第6章 \ aex.tif"文件（如图6.110所示），参考该图像创建各种样式的变形文字。

（2）打开随书配套资源"素材 \ 第6章 \ Adobe.jpg"文件（如图6.111所示），使用Photoshop创建沿路径绕排的文字效果。

图6.110

图6.111

第7章　调整图像颜色

>> **本章导读**

　　在Photoshop中，对色彩和色调的控制是编辑图像的关键。本章通过学习"直方图"面板、图像色调的控制、色彩的调整来有效地控制图像色彩和色调，制作出高质量的图像。

>> **学习要点**

● "直方图"面板
● 图像色调的控制
● 特殊色调的控制
● 图像色彩的调整

7.1　关于Photoshop的图像调色功能

　　在调整图像颜色方面，Photoshop提供了种类丰富、功能强大的命令。这些命令不仅使图像在修饰与处理方面获得了长足发展，也为设计师开拓了更为广阔的设计空间，使设计师的创意与设计思维无需为颜色所羁绊。

　　下面从调整对象和调整类型两个方面进行介绍，从而全面认识Photoshop的调色操作。

▶ 7.1.1　调整对象

　　从本质上讲，素材图像与数码照片都可以归为"图像"这样一个大的概念中，两者之间没有明显的界限。

　　在应用Photoshop进行调色方面，普通消费者、非设计领域专业人员、数码照相馆修图人员更多的是对自己或者消费者所拍摄的数码照片进行调色操作。由于对调整后的效果普遍要求不高，因此使用的调色技术与手段也不会特别复杂。

　　大多数数码照片具有同样的问题（如曝光过度、曝光不足、层次不清、色彩不饱和等）。图7.1所示就是一幅曝光过度的照片。在调整这些数码照片时，几乎能够总结出模式化的技术手段与处理步骤。

　　从这个角度看，若主要目的是编辑和调整数码照片，只需要集中关注不同类型的图像在编辑时所遵循的标准化步骤和需注意的要点。

　　对于设计领域的专业人员而言，更多情况下面临的是调整从专业图库找到的或者自己拍摄的素材图像。这些图像大多数是用于专业的商业设计作品，其调整的效果需要接受商业伙伴的考量与消费者的认可，因此调整的过程需要更加专业化，在调整技术与手段方面的要求也相对高出许多。

　　在图7.2所示的几个广告作品中，所有素

图7.1

材图像都必须经过调色处理才能与其他素材图像相互匹配，从而使整体效果看上去天衣无缝，这对设计人员提出了很高的要求。

在进行这样的调色操作时，设计人员不仅要考虑所有素材图像的整体配合问题，还需要考虑作品的最终展示方式，即屏幕显示还是纸媒体，是大幅写真喷绘还是丝网印刷，不同的展示方式会或多或少地影响调色的手段与技术。

因此，如果目的是对素材图像

图7.2

进行专业调整，在学习本章时不仅要掌握调色命令的使用方法与技巧，还必须知其所以然，这样才能以不变应万变。

▶ 7.1.2　调整类型

可以简单地将调色操作分为调整颜色的色阶、色相、饱和度这三种不同类型的操作。即可以分别调整一个图像中某一区域的色阶、色相，以及这一区域全部颜色或者某一种颜色的饱和度。了解调色类型，有助于将学习数十个调色命令的复杂过程简化为学习分辨色阶、色相、饱和度这三种对象的简单过程。

Photoshop拥有丰富的调色工具，这些工具在功能上存在许多重叠。面对一个调色需求，可能有多个工具都能达到目的，这就使得初学者在掌握了这些工具后，在实际操作中遇到可以选择多种工具进行处理的情景时，往往不知道如何选择，有时甚至会随意选择工具进行操作，这不仅不能发挥每个工具的最大效能，也无谓地提高了完成调色任务的难度。

因此，在学习时不仅应该掌握每一类调色命令的调整步骤，还应该了解这一命令适用于调整色阶、色相、饱和度中的哪一种类型，从而在执行调色操作时有的放矢。

▶ 7.1.3　通过"直方图"面板查看图像颜色

"对症下药"这个词不仅适用于现实生活中，对于使用Photoshop调整颜色也同样适用，不过其含义已经变为针对不同图像的色调使用不同的调整命令与方法。

要了解图像的色调类型，可以在图像处于打开的状态下时，执行"窗口"→"直方图"命令，打开"直方图"面板，如图7.3所示，从中可以看出其中包含一个直方图。

直方图以256条垂直线来显示图像的色调范围。这些线从左向右延伸，分别代表从最暗到最亮的每一个色调；每条线的高度指示图像中该特殊色调具有多少像素。

通过观察图像的直方图，可以了解图像每个亮度色阶所含像素的数量及各种像素在图像中的分布情况，从而识别图像的色调类型并确定调整图像时的方式及方法。

有关当前图像像素亮度值的统计信息出现在"直方图"面板的下方,属性的含义如下所述。

● 平均值:表示平均亮度值。

● 标准偏差:表示亮度值的变化范围。

● 中间值:表示亮度值范围内的中间值。

● 像素:表示用于计算直方图的像素总数。

● 色阶:表示指针位置的亮度级别。

● 数量:表示相当于指针位置亮度级别的像素总数。

● 百分位:显示指针位置所处的级别或者该级别以下的像素累计数。该数值表示为图像中所有像素的百分数,从最左侧的 0% 到最右侧的 100%。

图7.3

● 高速缓存级别:表示图像高速缓存的设置。

除了按默认情况下的设置查看全部图像的亮度和RGB数值外,也可以在面板的下拉列表中选择某一个通道,如"红""绿"等,以查看单通道图像的直方图,如图7.4所示。

要查看直方图中特定的色调信息,可以将鼠标指针放置在该点上,如果要查看某一特定范围内的色调信息,可以在直方图中拖动鼠标指针以突出显示该范围。图7.5所示为查看绿色通道中色阶在9~72之间的像素信息。

单击"直方图"面板右上角的面板按钮,在弹出的菜单中执行"用原色显示通道"命令,这样在查看红色通道信息时,其直方图显示为红色,如图7.6所示。

图7.4

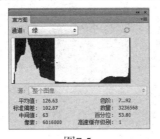
图7.5

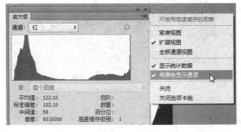
图7.6

要显示图像某部分的直方图信息,可以先使用任意一种选择方法选择该部分。在默认情况下,直方图显示整个图像的色调范围。

对于暗色调图像,直方图将显示有过多像素集中在阴影处(即水平轴的左侧),如图7.7所示,而且其中间值偏低,对于此类图像应该根据像素的总量适当地调亮暗部区域。

现在可以使用"减淡工具"调整图像的亮度。对于亮色调图像,直方图将显示有过多像素集中在高光处(即水平轴的右侧),如图7.8所示,对于此类图像应该根据像素的总量适当地调暗亮部区域。

对于色调均匀且连续的图像,直方图将像素均匀

图7.7

地显示在图像的中间调处（即水平轴的中央位置），如图7.9所示，此类图像基本无需调整。

图7.8 图7.9

以上所述的各种图像类型及调整方法并非绝对，因为在某些情况下由于构图（如夜景或者雪地等）原因，图像中存在大面积阴影及高光，同样会导致直方图的像素在水平轴的一侧大量聚集，但这样的图像可能无需调整。

图7.10所示为暗调图像，因为图像本身表现的是夜景。

图7.11所示为高调图像，因为图像背景有大面积的白色区域。

图7.10 图7.11

7.2 快速调色命令

Photoshop提供了一些简单、便捷的图像调整命令，以便于处理一些特殊的图像效果，例如去除图像的色彩、反相图像色彩等，下面将分别对这些命令进行介绍。

▶ 7.2.1 "去色"命令

执行"图像"→"调整"→"去色"命令，去除图像中的色彩，只剩下灰色。有些情况下，这种无色彩的图像甚至比色彩斑斓的图像更具有美感和表现力。下面将介绍通过"去色"命令去除图像色彩的操作。

01 打开随书配套资源中的文件"素材 \ 第7章 \ girl1.jpg"，如图7.12所示。

该实例将保留人物红唇的色彩，而将其以外的图像全部变为灰度图像，即完全去除其颜色。

02 使用"快速选择工具"将人物嘴部选中,如图7.13所示。

图7.12

图7.13

03 执行"选择"→"反向"命令或按Ctrl+Shift+I组合键执行"反向"操作,使选区反向选择图像。

04 执行"图像"→"调整"→"去色"命令,或按Ctrl+Shift+U组合键,将选区中的图像去色,如图7.14所示。

图7.14

▶ 7.2.2 "反相"命令

执行"图像"→"调整"→"反相"命令,可将反相图像的色彩,即将图像中的颜色改变为其补色,此命令没有参数和选项可设置。图7.15所示为反相图像色彩前后的效果。

当然,如果当前图像存在选区,可以仅反相选区中图像的色彩。图7.16所示是将选中部分像素进行"反相"调整的结果,显得建筑破败不堪。

图7.15

图7.16

▶ 7.2.3 "色调分离"命令

执行"色调分离"命令可以减少图像的颜色过渡层次，使颜色过渡直接而又清晰。此命令的工作原理是通过设定色阶的数量以减少颜色的层次，并将近似的颜色归纳在一起。例如，如果将彩色图像的色调等级定义为六级，Photoshop可以在图像中找出6种基本颜色，并将图像中的所有颜色强制与这6种颜色相匹配，其操作步骤如下所述。

01 打开随书配套资源中的文件"素材\第7章\lily.jpg"，如图7.17所示。

02 执行"图像"→"调整"→"色调分离"命令，弹出如图7.18所示的"色调分离"对话框。

03 在对话框中的"色阶"数值框中键入数值，按向上或者向下箭头键进行调整，直至得到所需的效果，如图7.19所示。

图7.17

图7.18

图7.19

通过设置不同的"色阶"数值，可以控制各类图像颜色的丰富程度，从而得到一种特别的艺术化效果，因此该命令在设计中也经常被用到。

▶ 7.2.4 "阈值"命令

黑白图像不同于灰度图像，灰度图像有黑、白及黑到白过渡的256级灰，而黑白图像仅有黑色和白色两个色调。

要将一幅图像转换成黑白色调图像，可以执行"图像"→"调整"→"阈值"命令，在弹出的对话框中拖动滑块以定义阈值。滑块越向右偏移，"阈值色阶"数值越大，所得到图像中的黑色区域越大；反之得到图像中的白色区域越大。

图7.20所示为原图像的状态，图7.21所示为使用"阈值"命令创建的黑白图像效果。

图7.20   图7.21

▶ 7.2.5 "渐变映射"命令

执行"渐变映射"命令可以将渐变效果作用于图像，此命令将图像的灰度范围映射为指定的渐变填充色。

例如，如果指定了一个双色渐变，则图像中的阴影映射到渐变填充的一个端点颜色，高光映射到另一个端点颜色，中间调映射到两个端点间的层次。

执行"图像"→"调整"→"渐变映射"命令，即可弹出如图7.22所示的"渐变映射"对话框。

图7.22

"渐变映射"对话框中的各参数如下所述。

● 灰度映射所用的渐变：在该区域中单击渐变类型选择框，即可弹出"渐变编辑器"对话框，然后自定义要应用的渐变类型。也可以单击右侧的三角按钮，在下拉框中选择一个预设的渐变。
● 仿色：选中该复选框后添加随机杂色，以平滑渐变填充外观并减少宽带效果。
● 反向：选中该复选框后，会按反方向映射渐变。

下面通过实例来介绍"渐变映射"命令的操作方法，其操作步骤如下所述。

① 打开随书配套资源中的文件"素材 \ 第7章 \ image.jpg"，如图7.23所示。

② 执行"图像"→"调整"→"渐变映射"命令。

③ 在弹出的"渐变映射"对话框中，可执行下面的操作之一。

● 单击对话框中的渐变类型选择框，在弹出的"渐变编辑器"对话框中自定义渐变的类型
● 单击渐变类型选择框右侧的三角按钮，在弹出的下拉框中选择一种预设的渐变。

④ 根据需要选中"仿色"和"反向"两个复选框后，单击"确定"按钮退出对话框即可。

图7.24所示为应用不同渐变映射后的效果。

图7.23

图7.24

▶ 7.2.6 "色调均化"命令

执行"图像"→"调整"→"色调均化"命令，可以按亮度重新分布图像的像素，使其更均匀地分布在整个图像上。

使用此命令时，Photoshop要先查找图像最亮及最暗处像素的色值，然后将最暗的像素重新映射为黑色，最亮的像素映射为白色。然后，对整幅图像进行色调均化，即重新分布处于最暗与最亮的色值中间的像素。

如果在执行此命令前存在一个选择区域，执行此命令后将弹出如图7.25所示的对话框。

● 选中"仅色调均化所选区域"单选按钮，将仅均匀分布所选区域的像素。

图8.25

● 选中"基于所选区域色调均化整个图像"单

选按钮，则Photoshop基于选区中像素的色调明暗程度来均匀分布图像的所有像素。

图7.26所示为原图像，图7.27所示为执行此命令后的效果。

图7.26

图7.27

7.3 可选颜色调整命令

"去色""色调分离"等都是针对图像色彩的简易操作,没有过多的选项来调节图像局部细节,往往不能满足用户对图像处理需求。通过以下将要介绍的命令,则可以满足用户处理图像的需求,使每个颜色细节更加完美。

▶ 7.3.1 "色相/饱和度"命令

执行"色相/饱和度"命令可以调节图像或选区的色相、饱和度以及亮度,此命令可以根据需要调整某一个色调范围内的颜色。

执行"图像"→"调整"→"色相/饱和度"命令,弹出"色相/饱和度"对话框,如图7.28所示。

此对话框中各参数及选项的含义如下所述。

● 编辑区:在对话框的弹出菜单中选择"全图"选项,可以同时调节图像中的所有颜色,或者选择某一颜色成分单独调节,如图7.29所示。

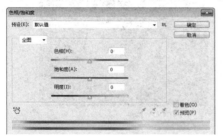

图7.28   图7.29

● "吸管工具" :用于选择图像颜色并修改颜色范围。使用"吸管加工具"可以扩大范围;使用"吸管减工具"可以减小范围。

 选择吸管时按住Shift键,可以增大范围,按住Alt键则减少范围。

● 色相:使用"色相"调节滑块可以调节图像的色调,无论向左拖动滑块还是向右拖动,都可以得到一个新的色相。
● 饱和度:使用"饱和度"调节滑块可以调节图像的饱和度。向右拖动增加饱和度,向左拖动减少饱和度。
● 明度:使用"明度"调节滑块可调节像素的亮度,向右拖动增加亮度,向左拖动减少亮度。
● 颜色条:在对话框的底部显示了两个颜色条,代表在颜色轮中的次序及选择范围。上面的颜色条显示调整前的颜色,下面的颜色条显示调整后的色相。
● 着色:此复选框用于将当前图像转换成某一种色调的单色调图像。
● "拖动调整工具" :在对话框中选中此工具后,在图像中单击某一种颜色或区域,并在图像中向左或向右拖动,可以减少或增加包含所单击像素的颜色范围的饱和度；如果在执行此操作时按住了Ctrl键，则左右拖动可以改变对应区域的色相。

如果在颜色选择下拉列表中选择的不是"全图"选项，则颜色条将显示对应的颜色区域。

"色相/饱和度"命令可以对图像实现以下颜色调节功能。

1．改变图像色彩

通过"色相/饱和度"命令调整图像，可以按照如下步骤操作。

01 打开随书配套资源中的文件"素材\第7章\color.jpg"，如图7.30所示。

02 本例需要改变人物的衣服色彩，使用"多边形套索工具"或其他选区工具，将衣服选中，如图7.31所示。

图7.30　　　　　　　　　　　　　图7.31

03 按Ctrl+U组合键或执行"图像"→"调整"→"色相/饱和度"命令，以调出其对话框。

04 由于人物的衣服表现为蓝色，所以要先对图像中的蓝色进行调整。在"编辑"下拉列表中选择"蓝色"选项，然后拖动"色相"及"饱和度"滑块，以便将图像中的蓝色转换成紫色，如图7.32所示。

图7.32

05 确认调整完毕后，单击"确定"按钮退出对话框即可。

2．为图像叠加单色

利用"色相/饱和度"命令可以为图像叠加颜色，得到艺术化的摄影图像效果。下面通过一个简单的实例来介绍其操作。

01 打开随书配套资源中的文件"素材 \ 第7章 \ hint.jpg"，如图7.33所示。

02 按Ctrl+U组合键或执行"图像"→"调整"→"色相/饱和度"命令，打开相应的对话框，选中"着色"复选框，如图7.34所示。

图7.33 图7.34

此时图片的外观如图7.35所示。

03 拖动滑块调节图像的色相及饱和度，得到不同的着色效果，如图7.36所示。

图7.35 图7.36

 利用"色相/饱和度"命令的着色功能，可以在广告摄影中使只有一种色调的物体通过着色表现出丰富的颜色。

3．使用预设调整图像

通过"色相/饱和度"命令的预设，能够快速得到一些特殊的效果。以图7.37所示的图像为例，对其中不同的预设进行调整，得到的效果如图7.38所示。

图7.37

图7.38

7.3.2 "自然饱和度"命令

"图像"→"调整"→"自然饱和度"命令用于调整
图像饱和度，执行此命令可以使图像颜色的饱和度不会溢
出，即此命令仅调整与已饱和的颜色相比那些不饱和颜色
的饱和度。

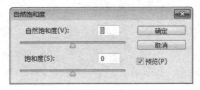

图8.39

"自然饱和度"对话框如图7.39所示。

- 拖动"自然饱和度"滑块，可以调整那些与已饱和的颜色相比不饱和颜色的饱和
  度，从而获得更加柔和自然的图像饱和度效果。
- 拖动"饱和度"滑块，可以调整图像中所有颜色的饱和度，使所有颜色获得等量饱
  和度调整，因此使用此滑块可能导致图像的局部颜色过度饱和。

使用此命令调整人像照片时，可以防止人像的肤色过度饱和。图7.40所示为原图像，
图7.41所示为使用此命令选中人脸以外的区域进行色彩调整后的效果，图7.42所示为执行
"色相/饱和度"命令提高图像饱和度时的效果，经过对比可以看出此命令在调整颜色饱和
度方面的优势。

图7.40   图7.41   图7.42

7.3.3 "色彩平衡"命令

执行"色彩平衡"命令可以在图像或选择区中增加或减少处于高亮度色/中间色以及阴
影色区域中特定的颜色，适用于调整图像中大面积区域的情况。

执行"图像"→"调整"→"色彩平衡"命令，弹出图7.43所示的对话框。

在"色彩平衡"对话框中，有如下选项可调整图像的颜色平衡。

● 颜色调节滑块：颜色调节滑块区显示互补的CMYK和RGB色。在调节时可以通过拖动滑块增加该颜色在图像中的比例，同时减少该颜色在图像中的补色比例。例如，要减少图像中的蓝色，可以将"蓝色"滑块向"黄色"方向拖动。

● 阴影、中间调、高光：选中对应的单选按钮，然后拖动滑块可以调整图像中这些区域的颜色值。

● 保持明度：选中该复选框，可以保持图像的亮调，即在操作时只有颜色值可改变，像素的亮度值不可改变。

使用"色彩平衡"命令调整图像的操作步骤如下所述。

01 打开随书配套资源中的文件"素材 \ 第7章 \ ball.jpg"，如图7.44所示。

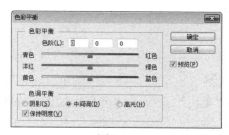

图7.43   图7.44

02 本实例要将暖色调图像调整为冷色调图像。执行"图像"→"调整"→"色彩平衡"命令，在打开的对话框中选中"阴影"单选按钮，参数设置如图7.45所示。

对于这项调整任务，完成的方法有很多，此处仅展示了其中一种，学习本章后，可以尝试使用不同的方法进行调整，并在调整时进行对比，以加深对调整命令的理解。

03 选中"中间调"单选按钮，参数设置如图7.46所示。此时画面已经转向冷色调。

图7.45   图7.46

04 选中"高光"单选按钮，参数设置如图7.47所示。

05 单击"确定"按钮退出对话框。

采用同样的方法，还可以将图像调整成如图7.48所示的色调效果。

图7.47

图7.48

▶ 7.3.4 "黑白"命令

"黑白"命令可以将图像处理成灰度的效果，也可以选择一种颜色，将图像处理成单一色彩的效果。执行"图像"→"调整"→"黑白"命令，即可弹出如图7.49所示的对话框。

在"黑白"对话框中，各参数的含义如下所述。

● 预设：在此下拉列表中，可以选择Photoshop自带的多种图像处理方案，从而将图像处理成不同程度的灰度效果。

● 颜色设置：在对话框中间的位置存在6个滑块，拖动各个滑块，即可对原图像中相应色彩的图像进行灰度处理。

● 色调：选中该复选框后，对话框底部的两个色条及右侧的色块将被激活，如图7.50所示。

图7.49

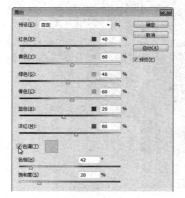

图7.50

两个色条分别代表了"色相"与"饱和度"，在其中调整出一个要叠加到图像上的颜色，即可轻松完成对图像的着色；另外，也可以直接单击右侧的颜色块，在弹出的"选择目标颜色"对话框中选择一种需要的颜色即可。

● 预设管理：要将对话框中的参数设置保存为一个设置文件，以备在日后的工作中使用，可以单击 ≡ 按钮，在弹出的菜单中执行"存储预设"命令，然后在弹出的对话框中输入文件名称，如图7.51所示。

如果要调用参数设置文件，仍然可以单击 ≡ 按钮，在弹出的菜单中执行"载入预设"命令，然后在弹出的"载入"对话框中选择预设文件。

下面通过实例介绍如何使用"黑白"命令。先制作灰度图像，再为图像叠加颜色，从而得到艺术化的摄影效果。

01 打开随书配套资源中的文件"素材 \ 第7章 \ baw.jpg"，如图7.52所示。

图7.51   图7.52

02 执行"图像"→"调整"→"黑白"命令，弹出"黑白"对话框，在"预设"下拉列表中选择一种处理方案，或直接在中间的颜色设置区域中拖动各个滑块，调整图像的效果。

03 在"预设"下拉列表中选择"中灰密度"选项，如图7.53所示。

图7.53

04 原图像主要是由红色构成，在对话框中拖动红色滑块可以恢复人物面部的细节，如图7.54所示。

05 图像已处理成满意的灰度效果了，下面将在此基础上为图像叠加一种艺术化的色彩。选中对话框底部的"色调"复选框，此时下面的颜色设置区域将被激活，分别拖动"色相"及"饱和度"滑块，同时预览图像的效果，直至满意为止，如图7.55所示。

图7.54

图7.55

除了上面介绍的为图像叠加粉紫色外，还可以调整其他不同的颜色，图7.56所示为图像叠加了青色后得到的效果。

图7.56

▶ 7.3.5 "照片滤镜"命令

执行"图像"→"调整"→"照片滤镜"命令，用于模拟传统光学滤镜特效，能够使照片呈现暖色调、冷色调及其他颜色的色调，其对话框如图7.57所示。

下面介绍此对话框中较为重要的参数。

● 滤镜：在其下拉列表中选择相应的选项，可以按照所选选项改变照片的色调，其中比较

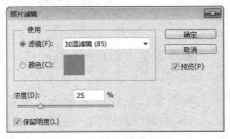

图7.57

重要的选项如下所述。

◆ 加温滤镜（85）和冷却滤镜（80）：这些滤镜用来调整图像中白平衡的颜色转换
滤镜。如果图像是使用色温较低的光（微黄色）拍摄的，则冷却滤镜（80）使图
像的颜色更蓝，以便补偿色温较低的环境光。相反，如果照片是用色温较高的光
（微蓝色）拍摄的，则加温滤镜（85）会使图像的颜色更暖，以便补偿色温较高
的环境光。

◆ 加温滤镜（81）和冷却滤镜（82）：这些滤镜是光平衡滤镜，它们适用于对图像
的颜色品质进行较小的调整。加温滤镜（81）使图像变暖（变黄），冷却滤镜
（82）使图像变冷（变蓝）。

● 颜色：如果希望照片呈现其他颜色的色调，可在"滤镜"下拉列表中选择相应的颜
色选项，例如"红""黄"等，也可以选中"颜色"单选按钮，并单击其右侧的色
块，在弹出的"拾色器"对话框中选择
一种颜色。

● 浓度：通过调整滑块或在此文本框中输
入数值，可以调整照片色调的浓淡度，
此数值越大，照片具有的目标色调的浓
度也越大。

图7.58所示为原图像；图7.59所示为使照片
色调偏暖的调整方法和效果；图7.60所示为经过
调整后照片色调偏冷的效果。

图7.58

图7.59

图7.60

▶ 7.3.6 "通道混合器"命令

"通道混合器"命令可以分别调整每个通道的颜色，从而制作出高品质的灰度图像，还
可以制作出一些特殊的色彩颜色。需要注意的是，该命令只能用于RGB和CMYK颜色模式的
图像。

执行"图像"→"调整"→"通道混合器"命令，打开如图7.61所示的对话框。
该对话框中各个选项的作用如下所述。

- 输出通道：在"输出通道"下拉列表中选定某个颜色通道。
- "源通道"选项组：拖动"源通道"选项组中的滑块可以调整颜色，范围是−200～+200。
- "常数"滑块：拖动该滑块可以调整通道的不透明度，范围为−200～+200。负值偏向黑色，正值偏向白色。
- "单色"复选框：选中此复选框，彩色图像将变成灰色图像。

图7.61

下面通过一个示例，介绍如何使用"通道混合器"命令制作双色图像，具体操作步骤如下所述。

01 打开随书配套资源中的"素材\第7章\j5.jpg"文件，如图7.62所示。

02 执行"图像"→"调整"→"通道混合器"命令，打开"通道混合器"对话框。

03 在"输出通道"下拉列表中选择一个通道，本例选择的是"红色"，根据需要设置适当的参数，如图7.63所示。

04 设置完毕后，单击"确定"按钮，即可得到一幅偏暖色调的图像，如图7.64所示。

图7.62

图7.63

图7.64

7.3.7 "替换颜色"命令

执行"替换颜色"命令可以将选中的图像颜色用另外的颜色替换。可以在图像中基于特定颜色创建暂时的选区，以调整该区域的色相、饱和度及亮值，从而以需要的颜色替换图像中不需要的颜色。如果有其他颜色改变的区域，可以使用"历史画笔工具"将其消除。

如果在图像中选择多个颜色范围，则应该选中"本地化颜色簇"复选框，以得到更加精确的选择范围。

执行"图像"→"调整"→"替换颜色"命令，弹出如图7.65所示的对话框。

"替换颜色"命令的操作方法如下所述。

01 打开随书配套资源中的文件"素材 \ 第7章 \ j5.jpg",如图7.66所示。在此实例中，需要将人物的黄色衣服和头巾调整为红色。

02 执行"图像"→"调整"→"替换颜色"命令，打开"替换颜色"对话框。

03 在该对话框的预览框中用"吸管工具"单击需要调整的区域，在此单击人物衣服的黄色区域，如图7.67所示。

图7.65　　　　　　　　图7.66　　　　　　　　图7.67

📖提示　如果要增加颜色区域，可以按住Shift键单击，或使用"添加到取样工具" 🖊 单击要添加的区域；要减少颜色选区可按住Alt键单击，或使用"减少取样工具" 🖊 单击要减少的区域。

04 向右拖动"颜色容差"滑块调整所选区域，直至预览区域包括了人物的上衣和头巾，如图7.68所示。

05 拖移"色相""饱和度""明度"滑块，直至将所选的颜色区域改变为红色，此时对话框如图7.69所示。

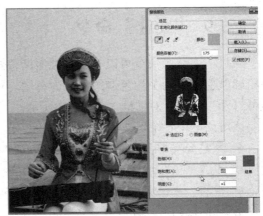

图7.68　　　　　　　　　　　　　图7.69

📖提示　在"替换颜色"对话框中可以通过按住Ctrl键，然后在预览区域切换"选区""图像"显示模式。

▶ 7.3.8 "可选颜色"命令

执行"可选颜色"命令，可以有选择地修改任何主要颜色中的印刷数量而不会影响其他的主要颜色。可选颜色的调整对单个通道不起作用。

执行"图像"→"调整"→"可选颜色"命令，弹出的对话框如图7.70所示。

图7.70

该对话框中各个选项的作用如下所述。

● 颜色：在其下拉列表中选择要调整的颜色。

● 青色、洋红、黄色和黑色：分别拖动各自的滑块或在文本框中输入数值，可以增加或减少它们在图像中的占有量。

● 相对：选中该单选按钮后，按照总量的百分比更改现有的颜色。

● 绝对：选中该单选按钮后，按照相加或减少的方式进行累积的。

图7.71所示为原图像，图7.72所示为执行"可选颜色"命令调节后的效果。

图7.71

图7.72

▶ 7.3.9 "变化"命令

通过"变化"命令可以非常直观地调整图像的颜色、对比度和饱和度。此命令对于不需要精确颜色调整的平均色调图像最为有用。执行菜单"图像"→"调整"→"变化"命令，即可打开"变化"对话框，如图7.73所示。

该对话框中各个选取项的作用如下所述。

● 原稿和当前挑选：对话框左上方的两个缩览图代表原图像和调整后的图像效果。单击"原稿"缩览图，则可以将图像恢复到调整前的状态。

● 阴影、中间调和高光：选中对应的单选按钮，可分别调整图像的暗调、中间调、高光区域的色相及亮度。

● 饱和度：用于控制图像的饱和度。选中此单项按钮后，该对话框左下方只显示3个缩览图，单击"减少饱和度"和"增加饱和度"缩览图可以分别减少或增加图像的饱和度。

● "精细/粗糙"滑块：拖动此滑块可以确定每次调整的幅度，每往右拖动一格可以使

198

调整幅度双倍增加。

● 显示修剪：在此复选框被选中的情况下，如果在调整过程中图像过于饱和发生溢色，则溢色部分将异相显示。

● 较亮、当前挑选、较暗：只有在选中了"阴影""中间调"或"高光"3个复选框之一时，该区域才会激活。分别单击"较亮""较暗"两个缩览图，可以增亮、加暗图像。

● 左下方的7个缩览图：中间的"当前挑选"缩览图和左上方的"当前挑选"缩览图的作用相同，另外的6个缩览图分别是"加深绿色""加深黄色""加深青色""加深红色""加深蓝色""加深洋红"，单击其中的任意一个缩览图，均可增加与该缩览图所对应的颜色。

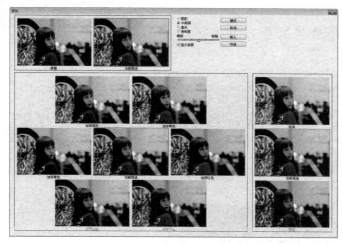

图7.73

7.4 图像色调控制

对图像的色调控制主要是对图像明暗度的调整，比如当一幅图显得比较暗淡时，可以将它变亮，或者是将一个颜色过亮的图变暗。Photoshop的图像色调控制功能包括亮度和对比度调整、色阶和曲线调整、阴影和高光调整等。

▶ 7.4.1 "亮度/对比度"命令

"亮度/对比度"命令是一个非常简单易用的命令，使用它可以方便快捷地调整图像明暗度，执行该命令后，弹出的对话框如图7.74所示。

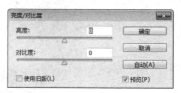

图7.74

在"亮度/对比度"对话框中，各参数如下所述。

● 亮度：用于调整图像的亮度。数值为正时，增加图像的亮度；数值为负时，降低图像的亮度。

● 对比度：用于调整图像的对比度。数值为正时，增加图像的对比度；数值为负时，降低图像的对比度。

● 使用旧版：选中此复选框，可以使用早期版本的"亮度/对比度"命令来调整图像，而默认情况下，则使用新版的功能进行调整。在调整图像时，新版命令将仅对图像的亮度进行调整，而色彩的对比度保持不变。

下面将通过一个简单的实例，来介绍执行"亮度/对比度"命令调整图像的方法。

图7.75

01 打开随书配套资源中的文件"素材 \ 第7章 \ gw.jpg"，如图7.75所示。

02 执行"图像"→"调整"→"亮度/对比度"命令，弹出"亮度/对比度"对话框。

03 拖动对话框中的各个滑块进行调整，本例的图像所使用的参数设置如图7.76所示。

图7.76

04 设置参数后，单击"确定"按钮，图像明暗度会发生相应的改变。

如果选中"使用旧版"复选框，则其调整参数和效果如图7.77所示，从中可以明显地看出，图像的"亮度"和"对比度"调整参数有很明显的变化，图像的调整效果也略有不同，由此可以证明新、旧版软件之间的区别。

图7.77

▶ 7.4.2 "色阶"命令

"色阶"命令是绝大多数Photoshop使用者调整图像色调时最常用的命令之一,其功能非常强大,不仅能够调整图像的高光和阴影显示,还可以通过改变黑白场的形式修改图像色调。执行"图像"→"调整"→"色阶"命令,弹出如图7.78所示的"色阶"对话框。

使用此命令调整图像的方法如下所述。

- 如果要对图像的全部色调进行调节,则在"通道"下拉列表中选择"RGB"选项,否则仅选择其中之一,以调节该色调范围内的图像。
- 如果要增加图像的对比度,可拖动"输入色阶"下方的滑块;如果要减少图像的对比度,可拖动"输出色阶"下方的滑块。
- 拖动"输入色阶"下方的白色滑块可将图像加亮。

图7.79所示为原图像;图7.80所示为拖动对话框的白色滑块时的"色阶"对话框;图7.81所示为加亮后的效果,可以看到图片明显变亮。

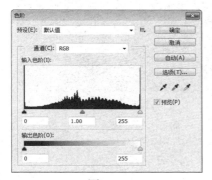

图7.78

图7.79

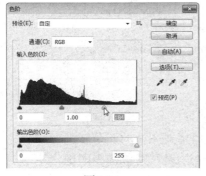

图7.80

图7.81

- 拖动"输入色阶"下方的黑色滑块可将图像变暗。

图7.82所示为拖动黑色滑块时的"色阶"对话框;图7.83所示为变暗后的效果。

- 拖动"输入色阶"下方的灰色滑块,可以使图像像素重新分布,其中向左拖动使图像变亮,向右拖动使图像变暗。

图7.84所示为向左拖动灰色滑块时的"色阶"对话框;图7.85所示为拖动灰色滑块后的效果,可见图片已经变亮。

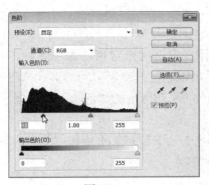

图7.82

图7.83

图7.84

图7.85

- 如果需要将对话框中的设置保存为一个文件，便于在以后的工作中使用，可以单击"预设选项"按钮，在弹出的菜单中执行"存储预设"命令，然后在弹出的对话框中输入文件名称，如图7.86所示。

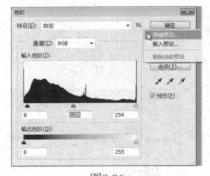

图8.86

- 如果要调用"色阶"命令的设置文件，可以单击"预设选项"按钮，在弹出的下拉菜单中执行"载入预设"命令，在弹出的"文件选择"对话框中选择要载入的预设文件。

- 单击"自动"按钮，可使Photoshop自动调节图像的对比度及明暗度。

除上述方法外，利用对话框中的"滴管工具"也可以对图像的明暗度进行调节，其中使用黑色"滴管工具"可以使图像变暗，使用白色"滴管工具"可以加亮图像，使用灰色"滴管工具"可去除图像的偏色。3个"滴管工具"的功用如下所述。

- 黑色"滴管工具"：可以将图像中的单击位置定义为图像中最暗的区域，从而使图像的阴影重新分布。多数情况下，可以使图像更暗一些，此操作即为重新定义黑场。
- 灰色"滴管工具"：可以将图像中单击位置的颜色定义为图像的偏色，从而使图像的色调重新分布，用于去除图像的偏色情况。
- 白色"滴管工具"：可以将图像中的单击位置定义为图像中最亮的区域，从而使图像的阴影重新分布。多数情况下，可以使图像更亮一些，此操作即为重新定义白场。

图7.87所示为原图像及"色阶"对话框处于打开状态下黑色"滴管工具"所在的位置。

图7.88所示为使用黑色"滴管工具"单击图像后图像整体变暗的效果。

图7.87   图7.88

图7.89所示为原图像及"色阶"对话框处于打开状态下使用白色"滴管工具"所在的位置。

图7.90所示为使用白色"滴管工具"单击图像后图像整体变亮的效果。

图7.89   图7.90

图7.91所示为原图像，图7.92所示为"色阶"对话框，使用灰色滴管在图像中单击，去除了部分黄色像素，人像面部呈现出红润感。

图7.91   图7.92

在"色阶"对话框顶部的"预设"下拉列表中，提供了一些常用的预设调整方案，以图7.93所示的原图像为例，分别选择不同的预设时可得到的不同的调整效果，如图7.94所示。

图7.93

图7.94

▶ 7.4.3 "曲线"命令

执行"曲线"命令可以精确调整图像高光、阴影和中间调区域中任意一点的色调与明暗。其调整图像的原理与"色阶"调整方法基本一样，只是调整会更加精细。

执行"图像"→"调整"→"曲线"命令，弹出"曲线"对话框，如图7.95所示。

1．"曲线"对话框中的参数含义

在"曲线"对话框中，部分参数如下所述。

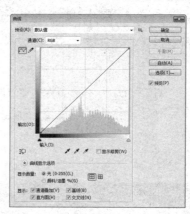

图7.95

● 预设：在此下拉列表中，可以选择一个预设的调整方案，以快速调整图像效果。

● 通道：在此处可以选择要调整的通道对象，根据图像颜色模式的不同，此处所列的项目也不尽相同。

● 曲线调整框：该区域用于显示当前对曲线所进行的修改，按住Alt键在该区域中单击，可以增加网格的显示数量，从而便于对图像进行精确调整。

● 明暗度显示条：即曲线调整框左侧及底部的渐变条。横向的显示条为图像在调整前的明暗度状态，纵向的显示条为图像在调整后的明暗度状态。

● 调节线：在该直线上最多可以添加14个节点，当鼠标置于节点上并变为状态时，就可以拖动该节点对图像进行调整。

● 曲线工具：使用该工具可以在调节线上添加控制点，并以曲线方式调整调节线。

● 铅笔工具：使用该工具可以使用手绘方式在曲线调整框中绘制曲线。

● 平滑：当使用"铅笔工具"绘制曲线时，该按钮才会被激活，单击该按钮可以让所绘制的曲线变得更加平滑。

如果需要使对话框中的网格更加精细，可以按住Alt键单击网格，此时的对话框如图7.96所示，再次按住Alt键单击网格可使其恢复至原状态。

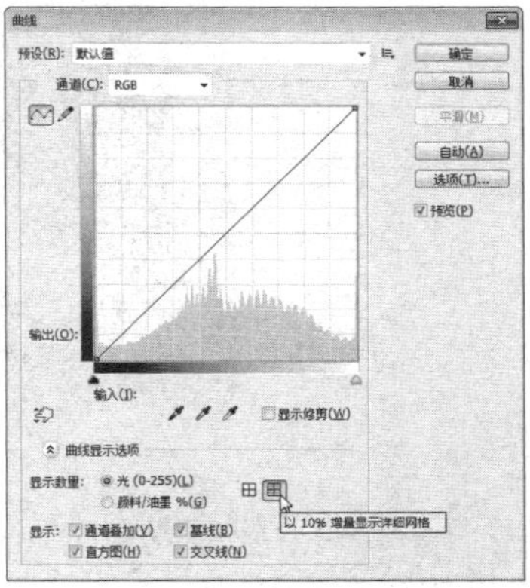

在此对话框中最重要的工作是调节曲线，曲线的水平轴表示像素原来的色值，即输入色阶；垂直轴表示调整后的色值，即输出色阶。

对于RGB图像对话框显示的是从0～255之间的亮度值，其中阴影（数值为0）位于左边，而对于CMYK图像对话框显示的是0～100之间的百分数，高光（数值为0）在左边。但单击曲线下面的双箭头可以反转亮部与暗部的分布顺序。

图7.96

2．手工编辑曲线以调整图像

使用此命令调整图像，可以按照下述步骤操作。

01 打开随书配套资源中的文件"素材\第7章\ydtl.jpg"，如图7.97所示。在此图像中需要将暗部区域适当调亮。

02 执 行 "图 像"→"调 整"→"曲线"命令，显示"曲线"对话框，如图7.98所示。

图7.97

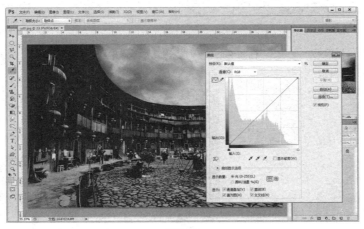

图7.98

03 由于本例需要调整整幅图像的暗部，因此在"通道"下拉列表中选择"RGB"选项，然后在调节线的右上方单击，添加一个节点并向右上方拖动，以整体提亮图像，如图

7.99所示。

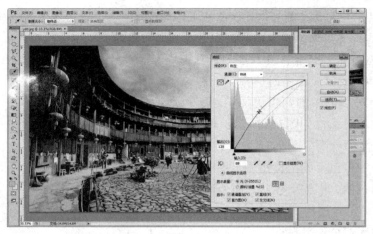

图7.99

04 在调节线曲线右上方单击，增加一个节点（最多可以添加14个点），并向上拖动，效果如图7.100所示。

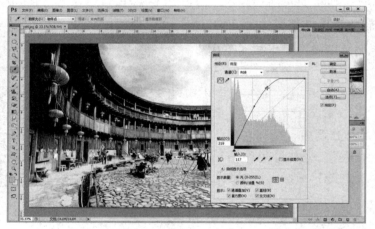

图7.100

05 为了保持一定的对比度，在曲线下方增加一个节点并向上拖动，如图7.101所示，最终的图像效果如图7.102所示。

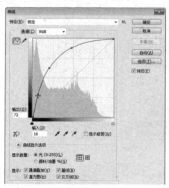

图7.101

图7.102

很多读者曾经遇到过这样的情况，即在"曲线"对话框中向上拖动曲线以调亮图像时，结果图像却变暗了，而向下拖动曲线时图像反而变亮了。这个问题主要出在图像的颜色模式上，对于RGB模式图像来说，向上拖动曲线是调亮图像，在本书所有的图片示例中，除特别强调外，都是在RGB模式下展示的；对于CMYK模式的图像来说，则刚好相反，所以出现了上述问题。

3．手工绘制曲线以调整图像

调整曲线的第二种方法是使用"铅笔工具"绘制曲线，然后通过平滑曲线来达到调节图像的目的，其操作步骤如下所述。

01 单击"曲线"对话框中的"铅笔"按钮。

02 拖动鼠标，在"曲线"图表区绘制需要的曲线。

03 单击"平滑"按钮以平滑曲线。图7.103所示为原图像，调整后的效果如图7.104所示。

图7.103

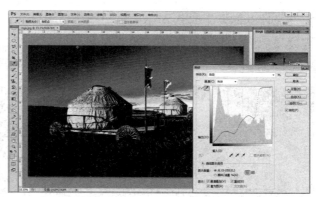

图7.104

4．使用预设调整图像

除了用手工编辑曲线来调整图像外，还可以单击"预设选项"按钮，直接选择Photoshop自带的调整方案。

图7.105所示为原图像，图7.106、图7.107和图7.108则分别为设置了"彩色负片""反冲""强对比度"以后的效果。

图7.105

图7.106

Chapter 07

图7.107 图7.108

对于那些不需要得到精确调整效果的用户而言，此功能极大简化了操作步骤。

5．使用在图像中拖动的方式调整图像

"曲线"命令可以在图像中通过拖动的方式快速调整图像的色彩及亮度。图7.109所示为选择拖动调整工具后在要调整的图像位置摆放光标时的状态；如图7.110所示，由于当前摆放光标的位置显得曝光不足，所以要向上拖动光标以提亮图像，此时的"曲线"对话框如图7.111所示。

图7.109 图7.110

 图7.111中鼠标所指的手动调节按钮一定要呈按下状态，才可以在图像上直接拖动调整曲线。

在前面处理的图像基础上，再将光标置于阴影区域要调整的位置，如图7.112所示。按照前面所述的方法，向下拖动鼠标以调整阴影区域，如图7.113所示，此时的"曲线"对话框如图7.114所示。

通过上面的示例可以看出，实际上拖动调整工具只不过是在操作方法上有所不同，而在调整原理上是没有任何变化的，就像上面示例中的曲线也完全可以在"曲线"对话框中通过编辑曲线的方式得到，所以在实际运用过程中，可以根据喜好选择使用何种方式来调整图像。

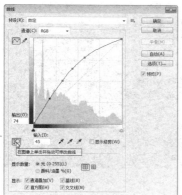

图7.111

图7.112

图7.113

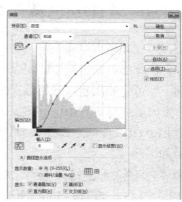

图7.114

7.4.4 "阴影/高光"命令

执行"阴影/高光"命令，可以处理在拍摄中由于用光不当而出现过亮或者过暗问题的数码照片。执行"图像"→"调整"→"阴影/高光"命令，弹出"阴影/高光"对话框，如图7.115所示。

- 阴影：在此拖动"数量"滑块或者在此数值框中键入相应的数值可以改变暗部区域的明亮程度。其中，数值越大（即滑块的位置越偏向右侧），调整后的图像的暗部区域也相应越亮。

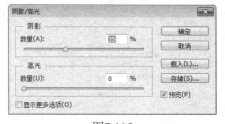

图7.115

- 高光：在此拖动"数量"滑块或者在此数值框中键入相应的数值，可以改变高亮区域的明亮程度。其中，数值越大（即滑块的位置越偏向右侧），调整后的图像的高光区域也会相应越暗。

图7.116所示为原照片效果及执行此命令调整后的效果。从中可以看出，局部过暗的照片得到了明显的改善。

图7.116

▶ 7.4.5 "HDR色调"命令

通过"HDR色调"命令可以修补太亮或太暗的图像,制作出高动态范围的图像效果。在HDR的帮助下,可以使用超出普通范围的颜色值,因而能渲染出更加真实的3D场景。

使用"HDR色调"命令调整图像的具体操作步骤如下所述。

01 打开随书配套资源中的"素材 \ 第7章 \ gw2.jpg"文件,如图8-117所示。

图7.117

02 执行菜单"图像"→"调整"→"HDR色调"命令,打开"HDR色调"对话框,如图7.118所示。

03 在该对话框中调整图像的阴影、高光、细节等参数,效果如图7.119所示。

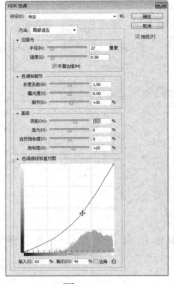

图7.118

图7.119

04 在"HDR色调"对话框的"预设"下拉菜单中还提供了若干预设供选择，图7.120所示就是选择"预设"的操作方法和各种预设效果示例。

单色艺术效果

单色高对比度

超现实高对比度

图7.120

▶ 7.4.6 "自动色调""自动对比度""自动颜色"命令

除了前面介绍的调色功能之外，Photoshop还提供了一些基本的调色功能，包括"自动色调""自动对比度""自动颜色"等。这些命令均无需做更多设置，可以帮助那些手动参数调节不熟练的用户来快速修正照片。

1."自动色调"命令

执行"自动色调"命令可以自动调整图像中的黑场和白场，即找到图像中的最暗点和最亮点，并将其分别映射为纯黑（最暗点）和纯白（最亮点），而两者之间的图像像素也会按照比例进行重新分布。可以在"自动颜色校正选项"对话框中更改"自动色调"的默认设置。

打开一幅图像，执行菜单"图像"→"调整"→"自动色调"命令或按Ctrl+Shift+L组合键，调整前后效果对比，如图7.121所示。

图7.121

2."自动对比度"命令

执行"自动对比度"命令自动调整图像的总体对比度,它与"自动色阶"命令最大的不同在于该命令不会改变图像的颜色,也就不会造成图像颜色的缺失。

打开一幅图像,然后执行菜单"图像"→"调整"→"自动对比度"命令或按Ctrl+Alt+Shift+L组合键,调整图像,前后效果对比如图7.122所示。

图7.122

3."自动颜色"命令

"自动颜色"命令可以自动标识图像的实际暗调、中间调和高光,从而自动调整图像的对比度和颜色。打开一幅偏红的图像,执行菜单"图像"→"调整"→"自动颜色"命令,可以看出图像已经恢复了正常的颜色,如图7.123所示。

图7.123

7.5　思考与练习

1.填空题

(1)"直方图"以_____的形式表现出图像中像素的_____分布,这样通过观察直方图就可以准确地分析出图像在_____、_____和_____部分是否拥有足够多的细节,以便进行调节和校正。

(2)执行"色阶"命令可以调整图像的_____、_____和_____的强度级别,从而校正图像的_____和_____。

(3)"色彩平衡"命令的快捷键为_____,"曲线"命令的快捷键为_____,

"色相/饱和度"命令的快捷键为_____，"反相"命令的快捷键为_____。

2．选择题

（1）"自动对比度"命令的功能是_____。

    A．可以对图像中不正常的高光或阴影区域进行初步处理

    B．可以让系统自动地调整图像亮部和暗部的对比度

    C．可以自动地完成颜色校正

    D．以上都不对

（2）可以将黑白图像变成灰度图像的命令是_____。

    A．色彩平衡　　　　B．亮度/对比度　　　　C．色相/饱和度　　　　D．可选颜色

（3）能够将彩色图像变成灰度图像的命令是_____。

    A．色调分离　　　　B．色彩均化　　　　C．色相/饱和度　　　　D．去色

（4）一幅图像的色调太暗，需要提升它的亮度，可以使用_____命令的功能进行调整。

    A．曲线　　　　　　B．变化　　　　　　C．替换颜色　　　　　D．以上都不可以

3．问答题

（1）"HDR色调"的功能是什么？

（2）"渐变映射"的功能是什么？

（3）"自然饱和度"命令与"色相/饱和度"命令有什么区别？

4．上机操作题

（1）使用随书配套资源中的"素材\第7章\color1.jpg"文件（图7.124），将模特的衣服颜色修改为鹅黄色，方法不限。

（2）打开随书配套资源中的"素材\第7章\child.jpg"文件（图7.125），查看并分析其直方图，找到合适的调色方案和方法，修饰该图片的外观。

图7.124

图7.125

第8章 图层和蒙版

>> **本章导读**

　　图层处理功能是Photoshop软件的最大特色，本章通过介绍图层、图层组、图层蒙版的概念，图层的基本操作，图层复合的使用，可以更轻松、更有效地处理图像、编辑图像、创建图层特效，从而创造出一幅幅令人赞叹不已的精美图像。

>> **学习要点**

- 图层的概念
- 图层的基本操作
- 图层组的使用
- 图层复合
- 图层蒙版
- 矢量蒙版与剪贴蒙版

8.1 Photoshop图层概述

　　任何一件作品都是图像与图像之间搭配处理的结果。图层的出现为这种搭配处理提供了更广阔的平台，从而可以获得更多、更炫丽的效果。

▶ 8.1.1 图层的特性

　　简单地说，每一个图层都可以视为一张透明的胶片，将图像分类绘制在不同的透明胶片上，最后将所有胶片按顺序叠加起来观察，便可以看到完整的图形。在Photoshop中，胶片实际就是"图层"，而存放胶片的地方就是"图层"面板，通过图8.1可以看到，图层、面板及最终合成图像之间的关系。

图8.1

　　通过图层来管理图像，不仅能够分别处理不同图层上的不同图像，而且不会影响其他图层上的图像，除此之外，图层之间还具有上下次序，相互之间具有覆盖关系。

　　如图8.1所示，图像可以看出最上层的图像将遮住下层同一位置的图像，而在其透明区域（即灰白相间的网格区域）则可以看到下层的图像。

　　实际上，分层显示只是使用图层进行工作的一个优点。以分层形式进行工作，便于分层编辑，并可为图层设置不同的混合模式及透明度。由于各个图层图像的相对独立性及可移动性，还可以向上或向下移动各个图层，从而改变图层相互覆盖关系，得到各种不同效果的图像。

8.1.2 "图层"面板

Photoshop中的所有图层都保存在"图层"面板中，因此对图层进行的各种操作也基本都在"图层"面板中完成。例如，选择图层进行分层编辑、创建新图层、删除图层、隐藏图层等操作。使用"图层"面板可以方便地控制图层、组或图层效果的显示与隐藏状态，并进行新建、删除、改变图层透明度、改变图层混合模式、设置图层显示颜色等方面的操作。

执行"窗口"→"图层"命令，则可以显示如图8.2所示的"图层"面板。

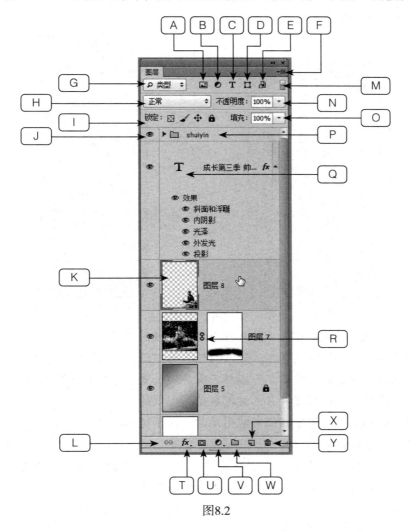

图8.2

A：像素图层滤镜；　B：调整图层滤镜；　C：文字图层滤镜；　D：形状图层滤镜；　E：智能对象滤镜；　F：选项菜单按钮；　G：选取滤镜类型；　H：设置图层的混合模式；　I：锁定；　J：指示图层的可见性；　K：缩览图；　L：链接图层；　M：打开或关闭图层过滤；　N：设置图层的总体不透明度；　O：设置图层的内部不透明度；　P：图层组；　Q：文字图层；　R：图层链接标志；　S：图层锁定标志；　T：添加图层样式；　U：添加蒙版；　V：创建新的填充或调整图层；　W：创建新组；　X：创建新图层；　Y：删除图层

"图层"面板中的控件主要包括以下几个内容。

● 选取滤镜类型：在此下拉列表中可以选择图层过滤的类型，如果只需要显示应用了效果的图层，则可以从下拉列表中选择"效果"，如图8.3所示。

 要使用该过滤功能，必须先单击"打开或关闭图层过滤"按钮 ■ 以开启该功能。

● 像素图层滤镜、调整图层滤镜、文字图层滤镜、形状图层滤镜、智能对象滤镜：这5个按钮其实并不是滤镜，而是5个过滤开关。例如，单击"像素图层滤镜"，则图层列表中将只显示包含像素的图层，而文字图层和形状图层等则会忽略，如图8.4所示。

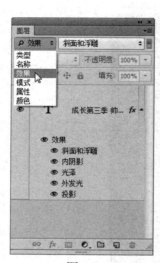

图8.3

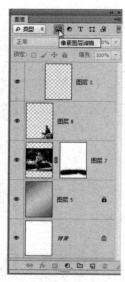

图8.4

● 设置图层的混合模式：在此下拉列表中可以选择图层的混合模式。
● 设置图层的总体不透明度：在此键入数值，可以设置图层的不透明度。
● 锁定：在此单击不同的按钮，可以锁定图层的位置、可编辑性等属性。
● 设置图层的内部不透明度：在此键入数值，可以设置图层中绘图笔画的不透明度。
● 指示图层的可见性：用于标记当前图层是否处于显示状态。
● 图层组：用于标记图层组。
● "链接图层"按钮：在选中多个图层的情况下，单击此按钮可以将选中的图层链接起来，以方便对图层中的图像执行对齐、统一缩放等操作。
● "添加蒙版"按钮：单击此按钮，可以为当前选择的图层添加图层蒙版。
● "创建新组"按钮：单击此按钮，可以新建一个图层组。
● "创建新的填充或调整图层"按钮：单击此按钮并在弹出的菜单中执行一个调整命令，可以新建一个调整图层。
● "创建新图层"按钮：单击此按钮，可以新建一个图层。
● "删除图层"按钮：单击此按钮，可以删除一个图层。

"图层"面板的功能还有许多，在此不能逐一列出，有关内容将在后面的章节中详细介绍。

8.2 图层的基本操作

Photoshop中的图层基本操作包括：新建图层、选择图层、显示和隐藏图层、锁定图层与取消锁定、修改背景图层、复制图层、删除图层、重命名图层、改变图层的上下顺序、设置图层的不透明度、填充图层、链接图层、显示图层的边缘以及同时改变多个图层的属性等。

▶ 8.2.1 新建图层

Photoshop支持以多种方法创建新图层。

1．通过命令菜单创建图层

执行"图层"→"新建"→"图层"命令，即可弹出图8.5所示的"新建图层"对话框。

"新建图层"对话框中的参数含义如下所述。

● 名称：在此文本框中可以输入新图层的名称。

● 使用前一图层创建剪贴蒙版：如果选中此复选框，新图层将与当前选择图层形成剪贴蒙版组。

● 颜色：在该下拉列表中选择一种颜色名称，以定义新图层在"图层"面板中显示的颜色。

● 模式：在该下拉列表中可以为新图层选择一种图层混合模式。

● 不透明度：在该文本框中可以输入新图层的不透明度。

● 正常模式不存在中性色：如果在"模式"下拉列表中选择一种适当的模式，则此复选框可被激活。选中该复选框后，可以创建一个以"模式"下拉列表中所选模式为图层模式并填充灰色的图层，如图8.6所示。

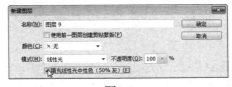

图8.5　　　　　　　　　　　图8.6

> 提示　此选项的模式将与在"模式"下拉列表中选择的模式相同，如果选择"变亮"模式，则此选项名为"填充变亮中性色（黑）"，如果选择"线性光"模式，则选项为"填充线性光中性色（50%灰）"。

设置"新建图层"对话框中的选项后，单击"确定"按钮，即可创建一个新图层。

2．通过面板菜单创建图层

单击"图层"面板右上角的面板按钮，在弹出的菜单中执行"新建图层"命令，就会弹出"新建图层"对话框，然后按照第一种方法对该对话框进行设置，如图8.7所示。

3．单击按钮创建图层

单击"图层"面板底部的"创建新图层"按钮🖳，可直接创建一个新的图层，这也是创建新图层最常用的方法。

按此方法创建新图层时，如果需要改变默认值，可以按住Alt键单击"创建新图层"按钮🖳，然后在弹出的对话框中进行修改；按住Ctrl键的同时单击"创建新图层"按钮🖳，则可在当前图层下方创建新图层。

4．通过拷贝和剪切创建图层

如果当前存在选区，还有两种方法可以从当前选区中创建新的图层，即执行"图层"→"新建"→"通过拷贝的图层"或"通过剪切的图层"命令新建图层，如图8.8所示。

图8.7

图8.8

在选区存在的情况下，执行"图层"→"新建"→"通过拷贝的图层"命令，可以将当前选区中的图像复制至一个新的图层中，该命令的快捷键为Ctrl+J。

在没有任何选区的情况下，选择"图层"→"新建"→"通过拷贝的图层"命令，可以复制当前选中的图层。

在选区存在的情况下，执行"图层"→"新建"→"通过剪切的图层"命令，可以将当前选区中的图像复制至一个新的图层中，该命令的快捷键为Ctrl+Shift+J。

5．使用快捷键新建图层

使用快捷键新建图层，可以执行以下操作。

- 按Ctrl+Shift+N组合键，弹出"新建图层"对话框，从中设置适当的参数，单击"确定"按钮即可在当前图层上新建一个图层。
- 按Ctrl+Alt+Shift+N组合键，即可在不弹出"新建图层"对话框的情况下，在当前图层上方新建一个图层。

8.2.2 选择图层

当前操作图层必须是被选择的图层，只有图层被选中后，才能对其中的图像进行编辑。

不同的图层具备不同的特性，例如，对文字图层、调整图层无法使用"画笔工具"及"滤镜"命令编辑，因此在操作时需确定要操作图层是否被选中且处于显示状态，否则就可能会出现各种问题。

1．选择某一个图层

要选择某一图层，只需在"图层"面板中单击需要操作的图层即可，如图8.9所示，当前被选定的图层就是"图层8"。处于选择状态的图层与普通图层有一定的区别，即被选择的图层以浅蓝色背景显示。

2．同时选择多个图层

同时选择多个图层的方法如下所述。

如果要选择连续多个图层，在选择一个图层后，按住Shift键在"图层"面板中单击另一图层的名称，则两个图层间的所有图层都会被选中，如图8.10所示。

如果要选择不连续的多个图层，在选择一个图层后，按住Ctrl键在"图层"面板中单击另一图层的名称，如图8.11所示。

图8.9　　　　　　　　图8.10　　　　　　　　图8.11

> 在按住Ctrl键选择多个图层时，一定要单击图层的名称区域，这样才可以达到选择该图层的目的，如果是在某图层、图层蒙版或矢量蒙版的缩览图上单击，那么得到的就是该图层的选区了。

3．从图像中选择图层

除了在"图层"面板中选择图层外，还可以直接在图像中使用"移动工具" ⊕ 选择图层，其方法如下所述。

选择"移动工具" ⊕ ，直接在图像中按住Ctrl键，单击要选择的图层中的图像，如果已经在此工具的选项栏中选中了"自动选择图层"复选框，则不必按住Ctrl键，如图8.12所示。

如果要选择多个图层，可以按住Shift键，直接在图像中单击要选择的其他图层中的图像，则可以选择多个图层。

更快捷的选择图层方法是选择"移动工具"并在图像中单击鼠标右键，在弹出的快捷菜单中选择希望选中的图层名称，如图8.13所示。

图8.12

> 📖 提示 很多初学者有过这样的疑惑，在使用"移动工具" ▶ 时已经在"图层"面板中选择了要移动的图层，但是在实际操作中被移动的却并不是所希望的图层，感觉就像选中了的图层会自动跑掉一样。此时可以在"移动工具"选项栏中检查，看是否选中了"自动选择"复选框及选择了"图层"选项。

选中"自动选择"复选框除了可以自动选择图层外，还可以设置为自动选择图层组。当选择"图层"选项时，可以自动选择图像文件中的任意图层；在选择"组"选项的情况下，用光标在图像上进行选择时，会一次性选择整个图层组中的全部图层。用户可以根据实际情况对工具选项栏中的选项进行设置。

图8.13

▶ 8.2.3 显示和隐藏图层

由于Photoshop中图层的排列顺序是自上而下层叠式的，因此对于一幅图像而言，最终看到的是所有已显示图层的最终叠加效果。通过显示或隐藏某些图层可以改变这种叠加效果，从而只显示某些特定的图层。

在"图层"面板中单击图层左侧的眼睛按钮即可隐藏此图层，再次单击可重新显示该图层，如图8.14所示。

要只显示某一个图层隐藏其他多个图层，可以按住Alt键单击此图层的眼睛按钮。再次单击则可重新显示所有图层。

图8.14

▶ 8.2.4 锁定与解锁图层

通过锁定图层可以使该图层的不透明度或位置等属性不可被编辑，从而防止一些误操作而影响图像效果。通过"图层"面板中的按钮可锁定图层。

1．锁定透明区域

在"图层"面板中单击"锁定透明像素"按钮以锁定图层的透明区域，使其不可被编辑，如图8.15所示。

2．锁定图像

在"图层"面板中单击"锁定图像像素"按钮 以锁定图层，从而使其不可被编辑。

3．锁定位置

在"图层"面板中单击"锁定位置"按钮 以锁定图层位置，使其不可被移动。

4．全部锁定

在"图层"面板中单击"锁定全部"按钮 以锁定图层的全部属性。

图8.15

如果发现无法在某一个图层上进行有效操作，此时应该检查当前图层的某些属性是否被锁定。

8.2.5 修改背景图层

在默认情况下，新建的Photoshop图像文件都具有一个背景图层。背景图层具有其他图层所不具有的特性，如不可移动、无法设置混合模式与不透明度等。

执行"图层"→"新建"→"背景图层"命令，可以将背景图层转换为普通图层，使其具有与普通图层相同的属性。执行此命令后，将弹出"新建图层"对话框，背景图层将转换为"图层0"，如图8.16所示。

与此相反，也可以将任意一个普通图层转换为背景图层，只需要选择该图层，然后执行"图层"→"新建"→"图层背景"命令即可。

图8.16

8.2.6 复制图层

复制图层的方法有若干种，下面分别介绍几种不同的方法，可以根据当前操作环境选择一种最快捷有效的操作方法。

1．在图像内复制图层

在同一图像中复制图层的操作方法如下所述。

01 在"图层"面板中选择需要复制的图层。

02 将图层拖动到"图层"面板底部的"创建新图层"按钮上即可创建新图层，如图8.17所示。

03 也可以执行"图层"→"复制图层"命令，或在"图层"面板菜单中执行"复制图层"命令,弹出"复制图层"对话框,如图8.18所示。

04 在Photoshop中,还可以直接按住Alt键拖动某图层至一个位置,如图8.19所示,以达到复制图层的目的。

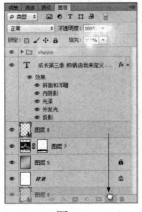
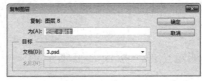

| 图8.17 | 图8.18 | 图8.19 |

提示 如果在"复制图层"对话框的"文档"下拉列表中选择"新建"选项,并在"名称"文本框中输入一个文件名称,则可以将当前图层复制为一个新的文件,如图8.20所示。

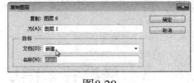

图8.20

2.在图像间复制图层

在两个图像文件之间复制图层的操作方法如下所述。

01 在原图像的"图层"面板中选择要复制的图层。

02 执行"选择"→"全选"命令或按Ctrl+A组合键,选定所有内容,然后按Ctrl+C组合键执行复制操作。

03 选择目标图像文件中的图层,按Ctrl+V组合键执行粘贴操作。

也可以并列两个图像文件,使用"移动工具"从源图像中拖动需要复制的图层到目标图像中,其操作方法如下所述。

01 打开随书配套资源"素材\第8章\nld.psd"和"素材\第8章\tid.psd",如图8.21所示。

图8.21

02 执行"窗口"→"排列"→"双联垂直"命令,使已打开的两个文档窗口垂直并列，如图8.22所示。

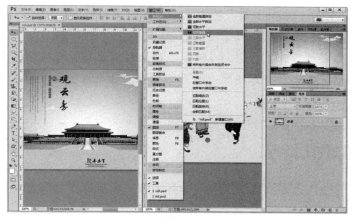

图8.22

03 选中tid.psd文件中的"背景 副本"图层，直接拖至ndl.psd文件的图像窗口中，如图8.23所示。

图8.23

04 通过拖动复制的图层仍然保留原有的名称（在本实例中是"背景 副本"图层）。用户可以按Ctrl+T组合键调整图层中的对象，如图8.24所示。

图8.24

使用此方法可以将多个图层一次性地复制至另一图像中。首先按住Ctrl键逐个选择要复制的多个图层，然后使用"移动工具"拖动选中的图层至目标图像中即可。

> 若在执行拖动操作时按住了Shift键，如果源图像与目标图像的文件大小相同，被拖动的图层会被置于与源图像中相同的位置；如果源图像与目标图像的大小不同，则被置于目标图像的中间位置。

▶ 8.2.7 删除图层

删除某个图层的操作将删除该图层中的所有图像，根据操作的需要可以有多种删除图层的方法。

1．删除可见图层

要删除某个图层，可以按下述方法中的某一种进行操作。

- 选择需要删除的图层，单击"图层"面板底部的"删除图层"按钮，在弹出的对话框中直接单击"是"按钮，即可删除被选择的图层。
- 选择需要删除的图层，执行"图层"→"删除"→"图层"命令，在弹出的对话框中直接单击"是"按钮，即可删除被选择的图层。
- 选择需要删除的图层，执行"图层"面板中的"删除图层"命令，在弹出的对话框中直接单击"是"按钮，即可删除被选择的图层。
- 按住Alt键单击"图层"面板底部的"删除图层"按钮，可以跳过弹出对话框而直接删除被选择的图层。

2．删除隐藏图层

如果需要删除的图层处于隐藏状态，可以执行"图层"→"删除"→"隐藏图层"命令或执行"图层"面板中的"删除隐藏图层"命令，在弹出的对话框中直接单击"是"按钮。

3．一次删除多个图层

在Photoshop中，可以一次删除多个图层，其方法如下所述。

01 使用任意一种方法，选择需要删除的多个图层。

02 单击"图层"面板底部的"删除图层"按钮，在弹出的对话框中直接单击"是"按钮，即可删除被选择的多个图层。

> 在选择"移动工具"，且当前画布中不存在任何选区的情况下，直接按Delete键或Backspace键可以删除图层。如果当前画布中存在路径，则优先删除路径，之后才会删除图层。

▶ 8.2.8 重命名图层

要重命名图层，可以双击面板中某一图层的名称，将其名称改变为文本输入状态，在此输入新的图层名称，即可重命名图层，如图8.25所示。

图8.25

8.2.9 改变图层的顺序

如前所述，由于上下图层间具有相互覆盖的关系，因此在必要的情况下可以改变其上下次序，从而改变上下覆盖的关系，以得到图像的最终视觉效果。

要改变图层次序，可在"图层"面板中选择需要移动的图层，执行"图层"→"排列"子菜单中的命令，如图8.26所示。

各命令的功能如下所述。

- "置为顶层"命令：可将该图层移至所有图层的上方，成为最顶层。
- "前移一层"命令：可将该图层上移一层。
- "后移一层"命令：可将该图层下移一层。
- "置为底层"命令：可将该图层移至除背景层外所有图层的下方，成为最底层。
- "反向"命令：可以逆序排列当前选择的多个图层。

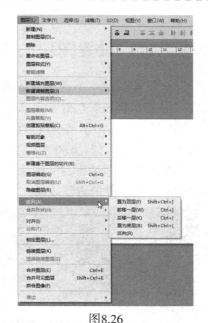

图8.26

图8.27为执行"反向"命令后，图层排列顺序变化的结果。

也可以在"图层"面板中直接用鼠标拖动图层，以改变其顺序，当高亮线出现时释放鼠标按键，即可将图层置于新的图层顺序中，从而改变图层次序，如图8.28所示。

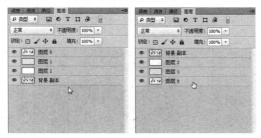

图8.27

图8.28

> 提示：按Ctrl+]组合键可以将选择的图层上移一层，按Ctrl+[组合键可将选择的图层下移一层，按Ctrl+Shift+]组合键将当前图层置为最顶层，按Ctrl+Shift+[组合键将当前图层置为底层。

▶ 8.2.10 快速选择图层中的非透明区域

在除"背景"图层以外的图层中，可以选择该图层中的图像轮廓区域，即非透明区域。

其操作方法非常简单，只需要按住Ctrl键单击某图层（背景图层除外）的缩览图，即可选中该图层的非透明区域，从而得到非透明选区，如图8.29所示。

图8.29

▶ 8.2.11 设置图层的不透明度

通过设置图层的不透明度数值，可以改变图层的透明度。当图层不透明度为100%时，当前图层完全遮盖下方图层；而当不透明度小于100%时，可以隐约显示下方图层的图像。

图8.30所示为由不透明度数值等于100%的普通图层及一个背景图层组成的图像，可以看到由于不透明度数值是100%，浮城图像将完全遮盖其后面的背景。

如果将浮城图像所在的图层不透明度降低为33%，则可以得到如图8.31所示的透过浮城图像显示底层图像的朦胧效果。

图8.30   图8.31

▶ 8.2.12 填充图层

与图层的不透明度不同，"填充透明度"仅改变在当前图层上使用绘图类、文字类工具得到的图像的不透明度，不会影响图层样式的透明效果。图8.32所示为改变图像内部填充不透明度为40%时的效果。

图8.32

▶ 8.2.13 同时改变多个图层的属性

在Photoshop中，选中多个图层时，也可以在"图层"面板中设置"不透明度/填充不透明度"数值，如果被选中的图层分别具有不同的"不透明度/填充不透明度"数值，那么将以本次的设定为准。

▶ 8.2.14 链接图层

一个较复杂的图像文件通常是由多个不同的图层组成的，当需要同时改变若干个图层中图像的大小或者需要对这些图像进行旋转、变形等操作时，就需要将这些图层链接起来，以保证它们同时发生变化。

按住Ctrl键单击要链接的若干个图层以将其选中，然后在"图层"面板的底部单击"链接图层"按钮，即可将所选的图层链接起来，如图8.33所示。

如果要取消图层的链接状态，可以在链接图层被选择的状态下单击"链接图层"按钮，将链接的图层解除链接。

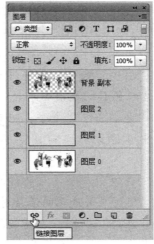

图8.33

> 💡提示 要同时对多个图层进行操作，将图层链接起来并不是唯一的解决方法。由于Photoshop支持选择多个图层，因此实际上只需要同时选择要变换的多个图层，即可同时对这些图层执行变换操作，而无需将这些图层链接起来。

▶ 8.2.15 显示图层的边缘

启用显示图层边缘这一功能后再选择图层时，图像的周围将出现一个带颜色的方框。要启用这一功能，只需要执行"视图"→"显示"→"图层边缘"命令，执行此命令前后的对比效果如图8.34所示。

图8.34

8.3　对齐和分布图层

使用对齐与分布功能，可以将图像以某种方式为准进行对齐或分布操作，以便于精确编辑图像位置，下面分别介绍它们的操作方法。

▶ 8.3.1　对齐图层

执行"图层"→"对齐"命令下的子菜单命令，可以将所有选中图层的内容相互对齐，如图8.35所示。

"图层"→"对齐"子菜单下的各个命令意义如下所述。

图8.35

- "顶边"命令：可将链接图层的最顶端像素与当前图层的最顶端像素对齐。
- "垂直居中"命令：可将链接图层垂直方向的中心像素与当前图层垂直方向的中心像素对齐。
- "底边"命令：可将链接图层最底端的像素与当前图层最底端的像素对齐。
- "左边"命令：可将链接图层的最左端像素与当前图层的最左端像素对齐。
- "水平居中"命令：可将链接图层水平方向的中心像素与当前图层水平方向的中心像素对齐。
- "右边"命令：可将链接图层最右端的像素与当前图层最右端的像素对齐。

除了可以执行上述命令外，还可在选中"移动工具"的情况下，利用如图8.36所示工具选项栏中的按钮进行操作。

图8.36

其中按钮分别为"顶对齐""垂直居中对齐""底对齐""左对齐""水平居中对齐"和"右对齐"。

▶ 8.3.2　分布图层

执行"图层"→"分布"子菜单下的命令，可以平均分布链接图层，如图8.37所示。

"图层"→"分布"子菜单下各个命令的意义如下所述。

- 顶边：按每个图层的顶端像素，以平均间隔分布。
- 垂直居中：将图层对象在垂直方向的中心与当前图层在垂直方向的中心对齐。

- 底边：将图层对象的最底端与当前图层的最底端对齐。
- 左边：将链接图层的最左端与当前图层的最左端对齐。
- 水平居中：将链接图层水平方向的中心与当前图层水平方向的中心对齐。
- 右边：将链接图层的最右端与当前图层的最右端对齐。

除了可以执行"图层"→"分布"子菜单下的命令进行操作外，还可在工具箱中选择"移动工具"，利用工具选项栏中的按钮进行操作。其中，按钮分别为"按顶分布""垂直居中分布""按底分布""按左分布""水平居中分布""按右分布"，如图8.38所示。

图8.37

图8.38

8.4 合并图层

图像包含的图层越多，占用的计算机空间就越大。当图像的处理基本完成时，可以将各个图层合并起来以节省系统资源。当然，对于需要随时修改的图像最好不要合并图层，或者保留副本文件后再进行合并操作。

▶ 8.4.1 合并任意多个图层

选择要合并的多个图层，然后执行"图层"→"合并图层"命令，或在"图层"面板中执行"合并图层"命令，即可合并选择的所有图层，如图8.39所示。

 按Ctrl+E组合键，也可合并选择的多个图层。

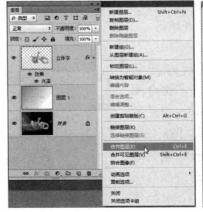

图8.39

▶ 8.4.2 向下合并图层

确保想要合并的两个图层都可见的情况下，在"图层"面板中选择两个图层中处于上方的图层，执行"图层"→"向下合并"命令，或者执行"图层"面板中的"向下合并"命令，可以合并两个相邻的图层，如图8.40所示。

图8.40

▶ 8.4.3 合并可见图层

确保想要合并的所有图层都可见，执行"图层"→"合并可见图层"命令，或执行"图层"面板菜单中的"合并可见图层"命令，可以将所有可见图层合并为一个图层，如图8.41所示。

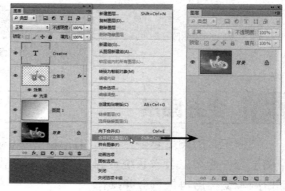

图8.41

▶ 8.4.4 合并所有图层

若要将经过处理的具有多个图层的图像合并到一个图层，可以直接执行"图层"→"拼合图像"命令，或者执行"图层"面板中的"拼合图像"命令，所有可见图层则合并到背景图层中。

对于合并以前有透明区域的图层，执行"拼合图像"命令后，Photoshop将使用白色填充透明区域。图8.42所示为一幅具有透明区域的图像，图8.43所示为合并所有图层后的效果，可以看出此操作使透明区域转换成了白色。

图8.42

图8.43

230

如果当前图像存在隐藏图层，将弹出提示对话框询问是否删除隐藏图层，如图8.44所示。

图8.44

▶ 8.4.5 盖印图层

除了合并图层外，还可以盖印图层。盖印图层可以将多个图层的内容合并为一个目标图层，同时使其他图层保持完好。按Ctrl+Alt+E组合键即可盖印选中的多个图层，如图8.45所示。

按Shift+Ctrl+Alt+E组合键，即可盖印所有的可见图层（包括背景层），如图8.46所示。

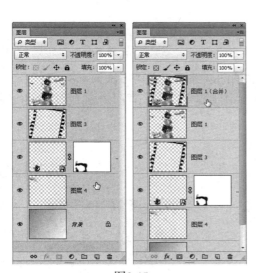

图8.45

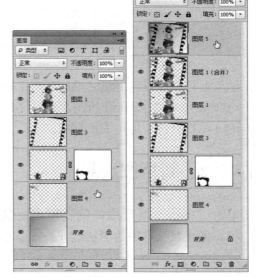

图8.46

8.5 图层组

使用图层组可以在很大程度上充分利用"图层"面板的空间，更重要的是，可以对一个图层组中的所有图层进行一致的控制，图层与图层组的概念有些类似于文件与文件夹的概念。

▶ 8.5.1 图层的群组和解组

群组就是将所选的图层放到新建的一个图层组中，操作方法如下所述。

选择要进行群组的图层，执行"图层"→"图层编组"命令或按Ctrl+G组合键，即可将选择的所有图层编进一个新组中，如图8.47所示。

Photoshop默认以组1、组2等命名，如图8.48所示。

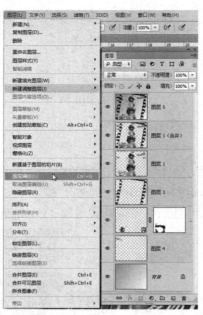

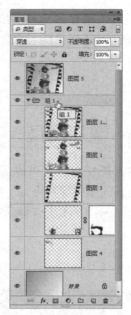

图8.47   图8.48

如果要将组恢复到群组之前的状态，则可以取消图层编组，操作方法如下所述。

选择要进行取消群组的图层组，执行菜单"图层"→"取消图层编组"命令或按 Shift+Ctrl+G组合键，即可取消群组。

▶ 8.5.2　新增图层组

单击"图层"面板底部的"创建新组"按钮 📁 ，可以创建默认选项的图层组，如图8.49所示。

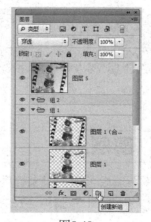

图8.49

▶ 8.5.3　将图层移入或移出图层组

将图层拖出图层组可以使该图层脱离图层组，操作时只需在"图层"面板中选择图层，并将其拖至图层组文件夹或图层组名称上，当图层组文件夹或名称高亮显示时，释放鼠标左键即可，如图8.50所示。

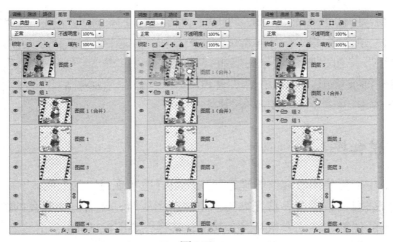

图8.50

也可以将普通图层拖至图层组中，从而将此图层加至图层组，其操作过程也是选择目标图层，然后将它拖动到图层组名称上，当图层组名称高亮显示时，释放鼠标左键即可，如图8.51所示。

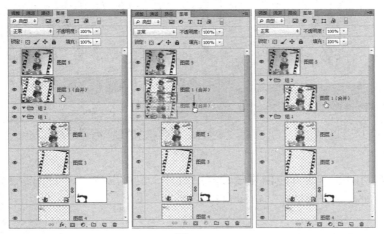

图8.51

▶ 8.5.4 复制与删除图层组

要复制图层组，可以按下述方法中的一种进行操作。

● 在图层组被选中的情况下，执行"图层"→"复制组"命令。

● 单击"图层"面板右上角的面板按钮，在弹出菜单中执行"复制组"命令，即可复制当前图层组。

● 将图层组拖至"图层"面板底部的"创建新图层"按钮上，待高光显示线出现时释放鼠标左键，即可以复制该图层组。

如果需要删除图层组，将目标图层组拖移至"图层"面板底部的"删除图层"按钮上，待高光显示线出现时释放鼠标左键即可。

在图层组被选中的情况下，单击"图层"面板右上角的面板按钮，在弹出菜单中执行"删除组"命令，然后在弹出的如图8.52所示的对话框中单击"仅组"按钮，则仅删除图层组，该图层组中的图层将全部被移出。如果单击"组和内容"按钮，则可以删除图层组及其中的所有图层。

图8.52

8.5.5　嵌套图层组

在Photoshop中，可使用嵌套组管理组，从而更好地实现对组的控制。

要创建具有嵌套关系的组，首先需要创建这些图层组，然后将要嵌套的图层组拖至另一个图层组中相应的位置，将二者相互嵌套起来，其操作如图8.53所示。

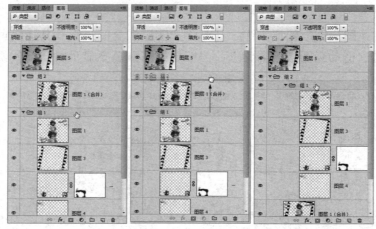

图8.53

除了通过拖动图层组的方法创建嵌套图层组外，也可以在创建一个图层组后，通过创建新图层组的方法创建嵌套图层组，可以自行尝试。

8.5.6　合并图层组

位于一个图层组中的图层可以全部合并于图层组中，通过此操作可以减少文件大小。要合并某一个图层组，只需要在"图层"面板中将其选中，然后执行"图层"→"合并组"命令即可，也可以单击"图层"面板上的选项，然后执行"合并组"命令。该命令的快捷键是Ctrl+E，如图8.54所示。

 由于调整图层本身不会增加文件大小，所以没有必要为节省空间合并调整图层。

初学者缺乏经验，往往会大量合并图层，而合并图层后图像效果发生变化的情况不在少数，从而导致其产生一定程度的疑惑。实际上，如果合并的几个图层分别被设置了不同的混合模式，或所合并的多个图层分别带图层蒙版和图层样式，则很容易使合并后的图像效果发生变化，此时最好不要合并图层。

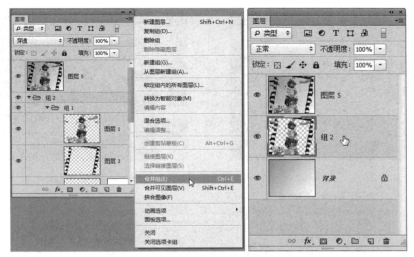

图8.54

8.6　图层蒙版

图层蒙版是Photoshop图层高级应用的核心，多用于混合图像，它可以利用任何修改图像的方法定义图像要显示或者隐藏的区域，是合成图像时最重要的方法之一。

▶ 8.6.1　理解图层蒙版的概念和意义

图层蒙版是制作图像混合效果时最常用的一种手段。使用图层蒙版混合图像的好处在于可以在不改变图层中图像像素的情况下，实现多种混合图像的方案并能进行反复修改，以得到最终效果。

要正确、灵活地使用图层蒙版，必须了解图层蒙版的原理。简单地说，图层蒙版就是使用一张灰度图有选择地隐藏当前图层中的图像，从而得到混合效果。

这里所说的"有选择"是指图层蒙版中的白色区域可以起到显示当前图层中对应图像区域的作用，图层蒙版中的黑色区域可以起到隐藏当前图层中对应图像区域的作用，如果图层蒙版中存在灰色，则使对应的图像区域呈现半透明效果。

通过改变图层蒙版中不同区域的黑白程度，可以控制对应图像区域的显示或隐藏状态，为图像增加多种特殊效果。

下面通过一个简单的实例来介绍图层蒙版的工作原理。

01 在Photoshop中打开随书配套资源中的文件"素材\第8章\background.tif"，效果如图8.55所示，将此文件作为背景文件。

02 打开随书配套资源中的文件"素材\第8章\mask.tif"，效果如图8.56所示。

03 执行"窗口"→"排列"→"双联垂直"命令，使打开的两幅图像并排，然后使用"移动工具"将mask.tif图像拖至background.tif背景文件中，得到"图层1"，如图8.57所示。

Photoshop CS6

图8.55 图8.56

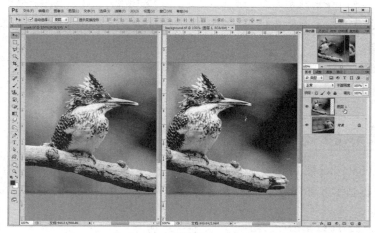

图8.57

04 执行"窗口"→"排列"→"将所有内容合并到选项卡中"命令，恢复正常视图，然后设置"图层1"的"不透明度"数值为50%，调整图像的位置，效果如图8.58所示，最后恢复"图层1"的"不透明度"数值为100%。

图8.58

调整"图层1"的不透明度是为了能看到"背景"图层的内容，方便调整"图层1"的位置。调整完之后需要恢复其不透明度设置。

⑤ 按Ctrl+A组合键执行"全选"命令，选择"魔棒工具"按住Alt键在小鸟以外的区域单击（等于从已经选定的区域中减去），效果如图8.59所示。

图8.59

⑥ 选择"图层1"并单击"图层"面板底部的"添加图层蒙版"按钮 🔲，效果如图8.60所示。

⑦ "图层"面板中显示新添加的图层蒙版缩览图。对比之后发现，蒙版白色对应的区域被显示出来，而黑色对应的区域则被隐藏，如图8.61所示。

图8.60

图8.61

⑧ 左侧的树枝过长，可以考虑将它隐藏起来。方法是先选择"图层1"的图层蒙版缩览图，以继续对其进行编辑操作。

⑨ 设置前景色为黑色，选择"画笔工具"，在其工具选项栏中设置适当的柔和边缘画笔笔尖，在过长的树枝上进行涂抹，直至得到如图8.62所示的效果。

⑩ 按住Alt键单击"图层1"的图层蒙版缩览图以进入图层蒙版显示状态，对蒙版进行更细致的修改，如图8.63所示，单击其他任意一个图层的图层缩览图即可退出图层蒙版显示状态。

通过制作本例不难看出，图层蒙版的工作原理实际上就是使用白色来显示对应的图像区域，使用黑色来隐藏对应的图像区域。

图8.62

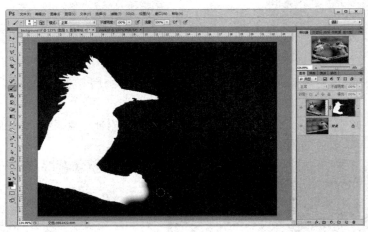

图8.63

▶ 8.6.2 添加图层蒙版

为图层添加图层蒙版是创造图层蒙版效果的第一步，根据当前操作状态，可以选择下述两种情况中的任意一种为当前图层添加蒙版。

（1）在当前没有任何选区的情况下，可以按照下述方法直接添加图层蒙版。

● 选择要添加图层蒙版的图层，单击"图层"面板底部的"添加图层蒙版"按钮▣，可以为图层添加一个默认填充为白色的图层蒙版，即显示全部图像。

● 如果在执行上述添加蒙版操作时按住Alt键，即可为图层添加一个默认填充为黑色的图层蒙版，即隐藏全部图像。

（2）在当前存在选区的情况下，可以按照下述方法直接添加图层蒙版。

● 依据选区范围添加蒙版：选择要添加图层蒙版的图层，在"图层"面板中单击"添加蒙版"按钮▣，即可依据当前选区的选择范围为图像添加蒙版。以图8.64所示的选区状态为例，添加蒙版后的状态如图8.65所示。

图8.64

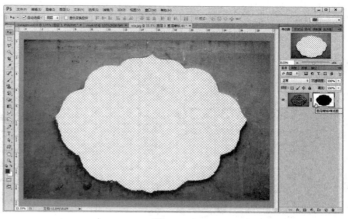

图8.65

- 依据与选区相反的范围添加蒙版：在按照上一种方法添加蒙版时，如果在单击"添加图层蒙版"按钮时按住Alt键，即可依据与当前选区相反的范围为图层添加蒙版，即先对选区执行"反向"命令，再为图层添加蒙版，如图8.66所示。

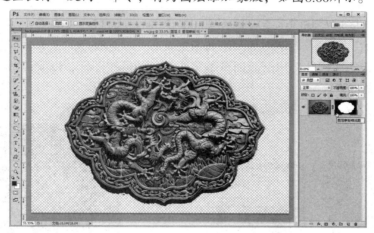

图8.66

8.6.3 调整蒙版属性

在添加蒙版之后，可以随时修改其属性，以改变其显示外观。具体操作方法是：使用鼠标右击"图层"面板中的蒙版，在弹出的快捷菜单中执行"调整蒙版"命令，如图8.67所示。

系统将立即弹出"调整蒙版"对话框，允许对蒙版边缘的"平滑""羽化""对比度"等进行设置，如图8.68所示。

图8.69所示就是对蒙版边缘进行羽化设置之后的显示效果。

图8.67

Chapter 08

图8.68

图8.69

8.6.4 取消图层与图层蒙版的链接

默认情况下，图层与其图层蒙版是处于链接状态的，如图8.70所示。

在保持链接的情况下，图层中的图像与图层蒙版是一起移动的。要改变这种效果，可以单击"图层"面板中图层和图层蒙版两者缩览图之间的链接图标，以取消图层和图层蒙版的链接状态，如图8.71所示。

在取消链接之后，就可以单独移动图层中的图像或者图层蒙版了，如图8.72所示。

图8.70

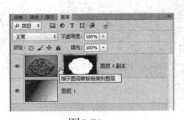

图8.71

图8.72

要重新建立链接，只需单击图层缩览图和图层蒙版缩览图之间的原链接图标所在位置。

8.6.5 停用和启用图层蒙版

按住Shift键单击"图层"面板中的图层蒙版缩览图，或者执行"图层"→"图层蒙版"→"停用"命令，都可以暂时隐藏图层蒙版，此时的图层蒙版缩览图显示一个红色的"X"，如图8.73所示。

如果要启用图层蒙版，可以再次按住Shift键单击"图层"面板中的图层蒙版缩览图，或者执行"图层"→"图层蒙版"→"启用"命令。

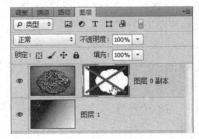

图8.73

8.6.6 应用和删除图层蒙版

如前所述，图层蒙版利用黑、白、灰3种颜色来控制图层中对象的显示状态，黑色区域表示隐藏当前图层中的对象，白色区域表示显示当前图层中的对象，灰度区域则表示图像若隐若现。

应用图层蒙版是指按图层蒙版所定义的灰度定义图层中像素分布的情况，保留蒙版中白色区域对应的像素，删除蒙版中黑色区域所对应的像素。删除图层蒙版是指去除蒙版，不考虑其对于图层的作用。

由于图层蒙版实质上是以暂存的Alpha通道的状态存在的，因此删除无用的蒙版有助于减小文件大小。要应用图层蒙版可以执行以下操作之一。

● 执行"图层"→"图层蒙版"→"应用"命令。

● 在图层蒙版缩览图上右击，在弹出的快捷菜单中执行"应用图层蒙版"命令。

图8.74所示为应用图层蒙版前的图像与其"图层"面板，图8.75所示为应用后的"图层"面板状态。

如果希望将某个图层的图层蒙版移动到另外一个图层上，只要直接拖动该图层蒙版至另外的图层上即可，如图8.76所示。

图8.74

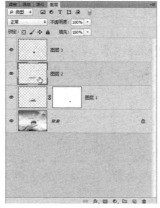

图8.75

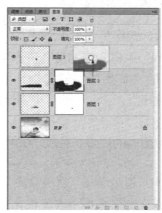

图8.76

如果希望将某个图层的图层蒙版复制到另外一个图层上，则可以按住Alt键拖动该图层
蒙版至另外的图层上，操作过程如图8.77所示。

如果不想对图像进行任何修改，而直接删除图层蒙版，可以执行以下操作之一。

- 执行"图层"→"图层蒙版"→"删除"命令。
- 在图层蒙版缩览图上右击，在弹出的快捷菜单中执行"删除图层蒙版"命令，如
  图8.78所示。

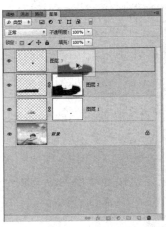
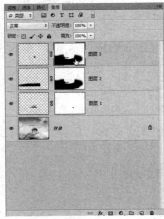
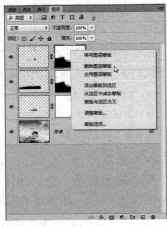

图8.77　　　　　　　　　　　　　　图8.78

8.7　矢量蒙版

图层矢量蒙版是另一种控制显示或隐藏图层中图像的方法，使用图层矢量蒙版可以创建
具有锐利边缘的蒙版。

值得注意的是，图层矢量蒙版是通过钢笔或形状工具所创建的矢量图形，因此在输出时
矢量蒙版的光滑程度与图像分辨率无关，即使放大、缩小也不会变形，在PostScript打印机上
打印时也会保持边缘清晰。

▶ 8.7.1　创建矢量蒙版

创建矢量蒙版的操作步骤如下所述。

01 在Photoshop中打开随书配套资源中的"素材\第8章\hk.jpg"文件。

02 JPG图片的"背景"图层是锁定的，不能操作，可以先拖动该图层到面板底部的
"创建新图层"按钮上，产生一个"背景 副本"图层，如图8.79所示。

03 执行"图层"→"矢量蒙版"→"显示全部"命令，则会增加一个全白的矢量蒙
版，即完全显示图层内的图像，如图8.80所示。

> 提示　执行菜单"图层"→"矢量蒙版"→"隐藏全部"命令，则会增加一个全黑的矢量
> 蒙版，即完全隐藏图层内的图像。

图8.79

图8.80

要创建一些特殊形状的矢量蒙版，可以使用"钢笔工具"或"自定形状工具"。根据当前路径创建矢量蒙版，其操作方法如下所述。

01 选择"自定形状工具"，在其选项栏中单击"路径"按钮，在"形状"类别中选择"拼贴4"，在"图层"面板中选择新创建的白色矢量蒙版，然后在图像上拖动，绘制一个拼贴图形，如图8.81所示。

图8.81

02 隐藏"背景"图层的显示，即可看到矢量蒙版将路径以外的图像隐藏起来，只显示路径内的图像，如图8.82所示。

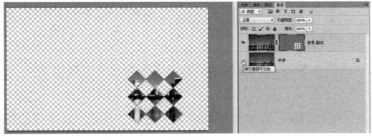

图8.82

隐藏矢量蒙版的方法和隐藏图层蒙版的方法相同，按住Shift键的同时单击矢量蒙版缩览图即可隐藏矢量蒙版。

▶ 8.7.2　编辑矢量蒙版

矢量蒙版的缩览图不同于图层蒙版，图层蒙版缩览图代表添加图层蒙版时创建的灰度通道，有256阶灰度；而矢量蒙版的缩览图呈现灰色、白色两种颜色，且包含路径。

由于图层矢量蒙版中的图形实际上也是路径，因此可以根据需要使用"直接选择工具""转换点工具"等路径编辑工具，对图层矢量蒙版中的路径或形状的节点进行编辑，如图8.83所示。

矢量蒙版还可以转换为图层蒙版，操作方法如下所述。

在矢量蒙版缩览图上单击鼠标右键，从弹出的菜单中执行"栅格化矢量蒙版"命令，如图8.84所示。

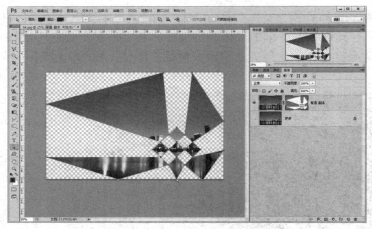

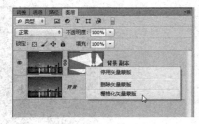

图8.83　　　　　　　　　　　　　　　　　　　　　　　图8.84

8.8　快速蒙版

快速蒙版允许通过半透明的蒙版区域对图像的部分区域进行保护，没有蒙版的区域不受保护。在快速蒙版模式下，不受保护的区域可以应用绘图工具进行描绘和编辑，当退出快速蒙版模式时，非保护区域就转化为选区。

在工具箱的底部单击"以快速蒙版模式编辑"按钮即可进入快速蒙版模式，再单击一次则退出快速蒙版模式，返回到标准模式。

 在英文输入法状态下，按Q键也可以在快速蒙版模式和标准模式之间进行切换。

在没有定义选区的情况下，单击按钮进入快速蒙版模式，会发现图像没有任何变化，代表图像没有被屏蔽，也就是不受保护，如图8.85所示。

在默认情况下，受保护的区域会是50%的红色，用黑色的笔刷涂抹代表增加图层蒙版区域（即保护区），用白色的笔刷涂抹代表删除被蒙版区域（即选区），用灰色笔刷涂抹得到的是一种半透明的色彩。如图8.86所示，红色区域就是使用黑色笔刷涂抹的结果。

现在再次单击⬜按钮返回标准编辑模式，按Delete键删除，并且以白色填充，即可看到快速蒙版编辑模式下的透明红色区域未被删除，而其他区域则被删除并填充了白色，如图8.87所示。

图8.85

图8.86

图8.87

8.9 剪贴蒙版

Photoshop提供了一种被称为剪贴蒙版的技术，用来创建一个图层控制另一个图层显示形状及透明度的效果。

图8.88所示为具有3个图层的图像及对应的"图层"面板。

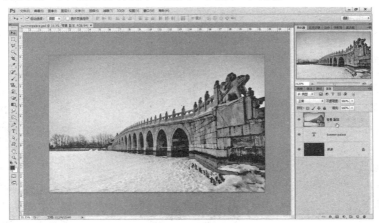

图8.88

如果选择上方的"背景 副本"图层创建剪贴蒙版，即可得到图8.89所示的效果。

图8.89

此时这两个具有剪贴关系的图层即被称为"剪贴蒙版",而在一个剪贴蒙版中,位于剪贴蒙版最底部的图层被称为"基层"(在本实例中,也就是文字图层),剪贴蒙版中的其他所有图层都被称为"内容层",也就是说,在一个剪贴蒙版中,内容层可以有很多个,基层却只有一个。

▶ 8.8.1 创建剪贴蒙版

要创建剪贴蒙版,可以执行下面的操作方法之一。

- 在"图层"面板中选择要创建为剪贴蒙版的两个图层中位于上方的图层,执行"图层"→"创建剪贴蒙版"命令。
- 按住Alt键,将鼠标指针放在"图层"面板中分隔两个图层的实线上,此时鼠标指针将变成 ↓□,单击即可,如图8.90所示。
- 选择处于上方的图层,按Ctrl+Alt+G组合键。
- 如果要在多个图层间创建剪贴蒙版,可以选中内容图层并确认该图层位于基层的上方,按照上述方法执行"创建剪贴蒙版"命令即可。

下面通过一个实例来介绍剪贴蒙版的使用方法。

01 打开随书配套资源中的文件"素材\第8章\cur.tif",如图8.91所示。

02 选择"魔棒工具",在其工具选项栏中设置"容差"数值为5,单击背景图像中的主体色块紫色区域,得到选区,效果如图8.92所示。

图8.90

图8.91

图8.92

03 按Ctrl+J组合键，执行"通过拷贝的图层"命令，将选区中的图像复制到新图层中，得到"图层1"，如图8.93所示。

图8.93

04 打开随书配套资源中的文件"素材\第8章\rose.tif"，执行"窗口"→"排列"→"双联垂直"命令，使两个文件的窗口并列，如图8.94所示。

图8.94

05 使用"移动工具"将人物素材拖入cur.tif文件中，使人物素材图像所在的图层位于"图层1"的上方，得到"图层2"，如图8.95所示。

图8.95

06 执行"图层"→"创建剪贴蒙版"命令或按Ctrl+Alt+G组合键创建剪贴蒙版，效果如图8.96所示。

 要使文档窗口取消"双联垂直"状态，可以使用鼠标右击文档标签，在弹出的快捷菜单中执行"全部合并到此处"命令。

07 设置"图层 2"的混合模式为"强光"，效果如图8.97所示。

图8.96 图8.97

8.8.2 设置剪贴蒙版的图层属性

对于一个剪贴蒙版而言，处于上方图层的混合模式及不透明度将受到下方图层的影响，了解这一点能够使用户在制作较复杂的案例时，正确地设置剪贴蒙版的混合模式及不透明度数值。

以图8.98所示的原图像为例，如果将处于下方"图层1"的"不透明度"设置为30%，则可以得到图示的效果及其"图层"面板。

同样，如果改变处于下方的"图层1"的混合模式，也将会改变剪贴蒙版最终呈现的效果。

图8.98

8.8.3 取消图层剪贴蒙版

如果要取消剪贴蒙版，可在剪贴蒙版组中选择基层，然后执行"图层"→"释放剪贴蒙版"命令，或按Ctrl+Alt+G组合键。

8.10 思考与练习

1．填空题

（1）按快捷键_____或_____，可以将当前选区中的图像复制或剪贴至一个新的图层中。

（2）建立图层剪贴蒙版之后，按Ctrl+Alt+G组合键可以_____剪贴蒙版。

2．选择题

（1）当图层中出现🔒图标时，表示该图层_____。

A. 已被锁定　　B. 与上一图层链接　　C. 与下一图层编组　　D. 以上都不对

（2）在建立的图层蒙版中，用黑色画笔涂抹，表示_____。

A. 隐藏涂抹区图像内容　　　　　　B. 显示涂抹区图像内容

C. 半透明显示图像内容　　　　　　D. 以上都不对

（3）要将当前图层与下一个图层合并，可以按_____组合键。

A. Ctrl+E　　　B. Ctrl+G　　　　C. Ctrl+Shift+E　　　D. Ctrl+Shift+G

3．问答题

（1）使用图层的优点是什么？Photoshop 中有几种类型的图层？

（2）矢量图层蒙版与图层蒙版最大的不同点是什么？

4．上机练习

（1）打开随书配套资源中的"素材\第8章\cjsh.jpg"图像（如图8.99所示），并打开"图层"面板，熟练掌握图层的各种基本操作，比如新建与删除图层，调整图层叠放顺序，修改图层的不透明度，显示和隐藏图层，以及使用图层组与图层复合等。

（2）打开随书配套资源中的"素材\第8章\house.psd"文件，利用本章所学知识，设计出如图8.100所示的效果。

图8.99

图8.100

第9章 绘制路径和形状

>> 本章导读

　　路径是Photoshop的强大功能之一，本章主要通过介绍路径的基本概念、路径的绘制、路径的编辑、路径与选区的转换等操作，让读者可以利用路径功能绘制直线、曲线或折线，并对其进行填充和描边，还可对其进行图像编辑或图像修饰，创建出奇妙的效果。

>> 学习要点

- 路径的概念
- 路径的绘制
- 路径的编辑
- 绘制形状
- 路径与选区的转换
- 应用路径

9.1　了解路径

　　路径是基于"贝塞尔"曲线建立的矢量图形，由锚点和连接锚点的直线或曲线构成。路径不仅可以填充颜色、描边，还可以制作各种特效文字和图案，有较强的灵活性。

　　路径的实质是以矢量方式定义的线条轮廓，它可以是一条直线，一个矩形，一条曲线，以及各种各样形状的线条，这些线条可以是闭合的，也可以是无闭合的。路径最大的特点就是容易编辑，在任何时候都可以通过锚点、方向线任意改变它的形状。对于路径的编辑是基于数学层面的，因此，无论怎么编辑、放大或缩小，都不会出现锯齿，精细度也不会下降。

　　路径与形状十分相似，区别在于路径是一条线，是一个虚体，它不会随着图像一起打印输出；而形状是由路径定义的封闭图形，可以设置填充颜色和描边，并可通过变换工具进行大小、旋转等调整，编辑起来较为直观形状是一个实体，并且可以随着图像一起打印输出，由于它是矢量的，在输出时不会受到分辨率的约束，这也是形状的优点之一。

▶ 9.1.1　路径绘制的一般流程

　　使用路径不仅可以制作精确的选区，还可以用于绘画。由于路径本身不包含像素信息，因此无论是在屏幕上查看还是打印出来，路径都是不可见的。只有当路径被转换为选区并进行描边、填充等操作，或者直接对路径应用这些操作时，才能利用路径进行可视化的绘画表达。路径提供了一种精确控制图像的方法，但需要通过额外的步骤来实现其视觉效果。

　　使用路径进行绘画的基本流程如图9.1所示。

　　在绘制路径时，可以使用下面列举的工具或者方法。

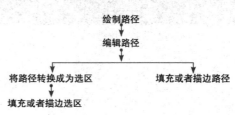

图9.1

- 这些工具不仅增强了创作的灵活性，还确保了无论路径如何复杂，都能够保持清晰的矢量边缘，从而使得最终的图像在放大或更改尺寸时仍能保持高质量。
- 通过将选区转换为路径的方法得到路径。

编辑路径的方法也有多种，列举如下。

- 使用"转换点工具"或者直接添加、删除锚点。
- 运用路径运算的方法制作不容易绘制的路径。

▶ 9.1.2 路径的组成

路径的组成并不复杂，如图9.2所示。路径各组成部分的含义如下所述。

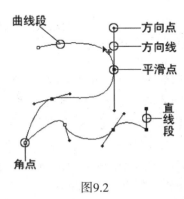

图9.2

- **锚点**：即各线段的端点，分为直角型锚点、光滑型锚点和拐角型锚点（也叫角点）。
- **方向线**：即曲线段上各锚点的切线。
- **方向点**：即方向线的终点，主要用于控制曲线段的大小和弧度。
- **平滑点**：即光滑型锚点，这种锚点的两侧均有平滑的曲线，拖动锚点两侧中的一条控制句柄，另外一条会向相反的方向移动，而路径线同时发生相应的变化。
- **角点**：即拐角型锚点，这种锚点的两侧也有两条方向线，但它们不在同一条直线上，而且拖动其中的一条时，另一条不会一起移动。

> **提示** 在曲线路径中，每一个锚点都包含了两个方向线，用来精确调整锚点的方向及平滑度；而直线型路径的锚点没有方向线，因此其两侧的线段为直线段。

9.2 绘制路径

在Photoshop中，绘制路径和矢量编辑工具与其他矢量编辑软件（例如Adobe Flash、Fireworks等）基本一致。如果已经掌握了其他软件的路径绘制方法，在Photoshop中也可以轻松上手，反之亦然。

▶ 9.2.1 认识路径工具组

Photoshop提供了专用于绘制与编辑路径的工具，其中包括"钢笔工具" 、"自由钢笔工具" 、"添加锚点工具" 、"删除锚点工具" 与"转换点工具" ，这几个工具处在同一个工具组中，如图9.3所示。

各工具功能如下所述。

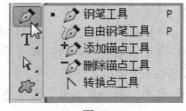

- 钢笔工具 ✍: 可以绘制出多个锚点组成的矢量线条。
- 自由钢笔工具 ✍: 沿光标拖过的轨迹生成路径。
- 添加锚点工具 ✍: 在现有的路径上单击,可增加锚点。
- 删除锚点工具 ✍: 在现有的路径上单击,可删除锚点。
- 转换点工具 ⌐: 可以转换直线段为曲线段,反之亦然。

图9.3

▶ 9.2.2   自由钢笔工具

前面已经介绍了"钢笔"工具绘制路径的方法,因此本节将只介绍如何使用"自由钢笔工具" ✍。该工具是钢笔工具组中另一个用于绘制路径的工具。相对于"钢笔工具",该工具有很强的操作灵活性,类似于"铅笔工具"。与"铅笔工具"不同的是,使用此工具绘制图形时,得到的是路径线而不是笔画线条。

在使用此工具之前需要单击工具选项栏中的"几何选项"按钮 ⚙,在弹出的面板中进行参数设置,如图9.4所示。

此面板中各参数的意义如下所述。

图9.4

- 曲线拟合: 此参数控制绘制路径时对鼠标移动的敏感性。键入的数值越高,所创建的路径的锚点越少,路径也越光滑。
- 磁性的: 在"自由钢笔工具"选项栏中选中"磁性的"复选框,可以激活"磁性钢笔工具",并可以设置"磁性钢笔工具"的相关参数。
- 宽度: 在此键入数值,以定义"磁性钢笔工具"探测的距离。此数值越大,"磁性钢笔工具"探测的距离越大。
- 对比: 在此键入百分比数值,以定义边缘像素间的对比度。
- 频率: 在此键入数值,以定义使用"磁性钢笔工具"绘制路径时锚点的密度。此数值越大,得到的路径上的锚点数量越多。

选中"磁性的"复选框后,钢笔光标变为 ⌐ 形状,在此状态下可以使用"磁性钢笔工具"进行操作。此工具能够自动捕捉边缘对比度强烈的图像,并自动跟踪边缘,从而形成一条能够制作精确选区的路径线,在工作原理上与"磁性套索工具"很类似,只是一个制作的是路径而另一个制作的是选区。

使用"磁性钢笔工具"进行操作时,只需要在要选择的对象的边缘处单击以确定起点,然后沿图像的边缘移动"磁性钢笔工具",即可得到所需的钢笔路径,如图9.5所示。

图9.5

9.2.3　闭合路径与开放路径

　　路径是由锚点和连接锚点的直线或曲线构成的，在绘制路径时，实际就是绘制多个锚点。路径与选区最大的不同在于路径可以是开放的，也可以是闭合的，而选区不行。

　　闭合的路径是指路径的起点和终点相连的路径，可以对闭合路径进行填充颜色和描边，如图9.6所示。

　　开放的路径是指路径的起点和终点没有相连的路径，如图9.7所示，这种路径不能填充颜色，但可以描边。

图9.6　　　　　　　　　　图9.7

9.3　路径的应用技巧

　　路径绘制完成后，可以对其进行描边和填充操作，还可以将其转换为选区或将选区转换为路径。

9.3.1　将路径转换为选区

　　路径转换为选区属于路径功能之一，可以利用该功能创建许多复杂的选区，操作方法如下所述。

　　选择已创建好的路径，单击"路径"面板底部的"将路径作为选区载入"按钮，则当前路径就被转换为选区，如图9.8所示。

图9.8

将路径转换为选区后，可以使用Photoshop中对选区操作的所有命令，如复制选区、移动选区、删除选区、填充选区等。

▶ 9.3.2 将选区转换为路径

在理论上可以应用"钢笔工具"或其他形状工具绘制出任何形状的路径，但在某些情况下，这并不是最简捷的方法。例如，绘制围绕某图层非透明区域的路径，这时可以由选区直接得到路径。

要由选区生成路径，可以按照下列步骤进行操作。

01 按住Ctrl键单击某一个图层，调出其非透明的选区，或使用工具箱中的"选框工具"来创建一个选区，如图9.9所示。

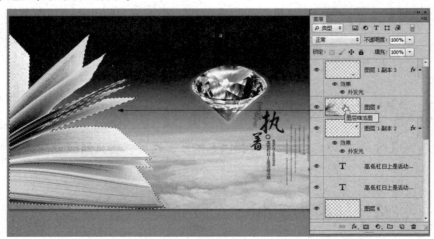

图9.9

02 单击"路径"面板底部的"从选区生成工作路径"按钮，如图9.10所示。

03 Photoshop会立即将选区转换为工作路径。新转换的工作路径将出现在"路径"面板中，如图9.11所示。

图9.10

图9.11

此外，还可以单击"路径"面板右上角的面板按钮，在弹出的菜单中执行"建立工作路径"命令，此时将弹出如图9.12所示的对话框。

图9.12

容差：容差值决定路径所包括的定位点数，默认的容差值为两个像素，可指定的容差值范围是0.5～10个像素。

如果输入一个较高的容差值，则用于定位路径形状的锚点就较少，得到的路径就较平滑。如果选用一个较低的容差值，则可用的定位点就较多，产生的路径就不平滑。图9.13所示为原选区，图9.14所示为使用容差值为0.5像素时生成的路径。从中可以看到路径上的锚点非常多，路径本身也严格依照了原选区的形状。

当设置容差值为10像素时，转换的路径结果如图9.15所示。从中可以看到路径上的锚点不多，路径非常平滑，但是在形状上与原选区有一些差别。

图9.13

图9.14

图9.15

9.3.3　填充路径

从使用路径进行绘画的角度来说，无论是绘制路径还是编辑路径，都是为最后一步填充或者描边路径做准备。

选择需要进行填充的路径，单击"路径"面板底部的"用前景色填充路径"按钮，即可为路径填充前景色，如图9.16所示。

如果要控制填充路径的参数及样式，可以按住Alt键单击"用前景色填充路径"按钮，或者单击"路径"面板右上角的选项菜单按钮，在弹出的菜单中执行"填充路径"命令，然后在弹出的"填充路径"对话框中设置参数，如图9.17所示。

图9.16

图9.17

"填充路径"对话框的上半部分与"填充"对话框相同，其参数的作用和应用方法也相同，在此不逐一赘述。

- 羽化半径：可以控制填充的效果。在此数值框中输入一个大于0的数值，可以使填充具有柔边效果。图9.18所示为将"羽化半径"数值设置为6时填充路径的效果。
- 消除锯齿：选中此复选框，可以消除填充时的锯齿。

图9.18

 填充路径时，如果当前图层处于隐藏状态，则"用前景色填充路径"按钮和"填充路径"命令均不可用。

9.3.4 描边路径

通过为路径进行描边的操作，可以得到类似于白描的效果。在Photoshop中为路径描边的操作步骤如下所述。

01 打开随书配套资源中的"素材\第9章\stroke.psd"文件，在"路径"面板中选择需要用于描边的路径，如图9.19所示。

 如果"路径"面板中有多条路径，可以用"路径选择工具"选择要描边的路径。

02 在工具箱中设置前景色，作为描边的颜色。在本实例中可以选择白色。

图9.19

03 在工具箱中选择用于描边的工具，可以是"铅笔工具""钢笔工具""涂抹工具""模糊工具""锐化工具""减淡工具""加深工具""海绵工具"以及橡皮擦工具组、图章工具组、历史画笔工具组中的工具等。推荐使用"铅笔工具"。

04 在工具选项栏中设置用来描边的工具的参数，主要是设置铅笔工具的画笔大小，如图9.20所示。

05 在"路径"面板底部单击"用画笔描边路径"按钮，得到的描边效果如图9.21所示。

06 为了使路径的描边效果更加清晰，可以将路径填充为黑色。填充的方法是在工作路径单击鼠标右键，然后在弹出的快捷菜单中执行"填充路径"命令，如图9.22所示。

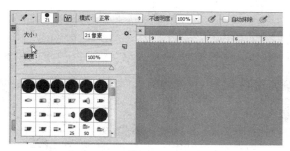

图9.20

图9.21

图9.22

9.4 路径运算

路径运算是一项强大的功能，如果当前图像中已经存在一条被选中的路径，则再次绘制路径时，工具选项栏中的运算按钮将被激活，如图9.23所示。

通过单击这些按钮，可确定新绘制的路径与原路径之间的运算关系，从而通过运算得到新的路径。

如图9.24所示，已经绘制了一个圆形的路径包围住其中一个樱桃，下面再绘制另外一个路径，以分别介绍路径的4种运算方法。

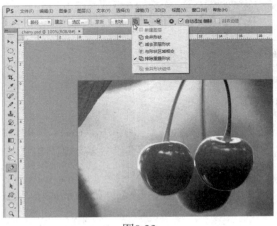

图9.23

图9.24

（1）单击"合并形状"选项，再绘制路径时，可向现在路径中添加新路径所定义的区域，得到如图9.25所示的效果。图9.26所示为将路径转换为选区后的效果。

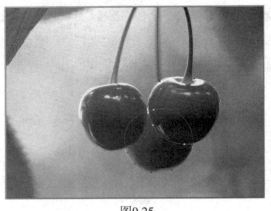

图9.25

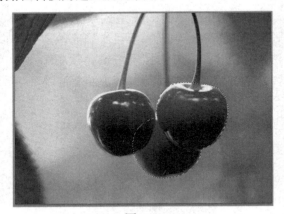

图9.26

（2）单击"减去顶层形状"选项，再绘制路径时，可从现有路径中删除新路径与原路径的重叠区域。对上例而言，如果单击此按钮后再绘制路径，则"路径"面板如图9.27所示，而路径转换为选区后的图像效果如图9.28所示。

（3）单击"与形状区域相交"选项，再绘制路径时，最终生成的新路径被定义为新路径与原路径的交叉区域。对上例而言，如果单击此按钮后再绘制路径，则"路径"面板将如图9.29所示，而路径转换为选区后的图像效果如图9.30所示。

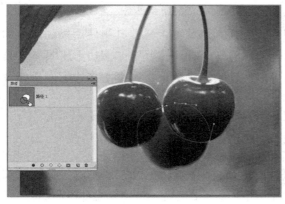

图9.27

图9.28

图9.29

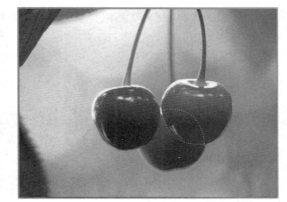

图9.30

（4）单击"拍出重叠形状"选项，再绘制路径时，可以定义最终生成的新区域为新路径和现有路径的非重叠区域。对上例而言，如果单击此按钮后再绘制路径，则"路径"面板将如图9.31所示，而路径转换为选区后的图像效果如图9.32所示。

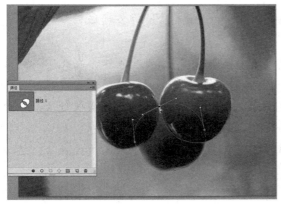

图9.31

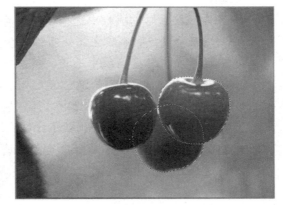

图9.32

通过以上实例可以看出，在绘制路径时，通过选择不同的选项，得到了不同的新路径并生成不同的新选区。

9.5 绘制形状

在Photoshop中要绘制规则的形状，需要使用绘制规则形状的工具，其中使用最为广泛的是矢量绘图类工具，包括"矩形工具""圆角矩形工具""椭圆工具""多边形工具""直线工具""自定形状工具"等，使用这些工具可以快速绘制出矩形、圆形、多边形、直线及自定义的规则形状等。

9.5.1 了解Photoshop矢量绘图工具

在工具箱中"矩形工具"的图标上单击鼠标右键，可以弹出如图9.33所示的矢量绘图类工具组。使用这些工具可以快速绘制出矩形、圆角矩形、椭圆形、多边形、直线以及各类自定形状。

无论选择哪一种矢量绘图类工具，工具选项栏中都将显示如图9.34所示的参数及选项。

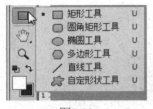

图9.33

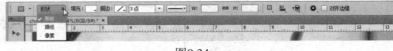

图9.34

在此工具选项栏中必须掌握的是绘画模式按钮，下面分别介绍这3个按钮所定义的绘画模式以及其他重要参数。

- 形状：在工具选项栏中选择该项，再使用矢量绘图类工具进行绘制操作，可以创建形状图层。
- 路径：在工具选项栏中选择该项，再使用矢量绘图类工具进行绘制操作，可以创建路径。
- 像素：在工具选项栏中选择该项，再使用矢量绘图类工具进行绘制操作，可以在当前图层中创建一个填充前景色的图形。
- 模式：在工具选项栏中选择"填充像素"后，"模式"选项被激活，在此下拉列表中可以选择一种图形的混合模式。
- 不透明度：在工具选项栏中选择"填充像素"后，"不透明度"选项被激活，在此数值框中可以键入百分比数值，设置绘画时的不透明度效果。
- 消除锯齿：在工具选项栏中选择"填充像素"后，"消除锯齿"选项被激活，选择此选项可以消除图形的锯齿。

9.5.2 矩形工具

"矩形工具"用于在各类设计作品中创建正方形及矩形。

要在图像中绘制矩形，可以先选择"矩形工具"，然后单击"形状工具"选项栏中的选项，例如"填充""描边"等进行矩形属性的设置，如图9.35所示。

设置完成之后，即可在图像窗口任意绘制矩形，如图9.36所示。

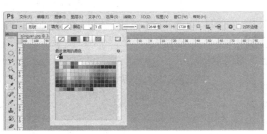

图9.35   图9.36

新绘制的矩形将以单独图层的形式出现在"图层"面板中。双击该图层还可以为它创建图层样式，如图9.37所示。

图9.37

▶ 9.5.3　圆角矩形工具

与"矩形工具"不同，此工具所创建的矩形具有圆角，这在一定程度上消除了矩形坚硬、方正的感觉，使矩形具有光滑及时尚感，此工具的应用示例如图9.38所示。

在工具箱中选择"圆角矩形工具"，可以绘制圆角矩形，其工具选项栏与"矩形工具"的相似，选项设置与"矩形工具"的完全一样。与"矩形工具"不同的是，该工具多了一个"半径"选项，在该文本框中输入数值，可

图9.38

以设置圆角的半径值，数值越大，角度越圆滑，如图9.39所示。

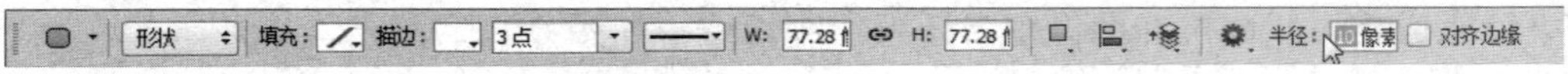

图9.39

9.5.4 椭圆工具

使用此工具能够绘制圆形或椭圆形，应用示例如图9.40所示。

在工具箱中选择"椭圆工具"，可以绘制圆和椭圆，该工具的使用方法及其工具选项栏选项设置与"矩形工具"的基本相同。

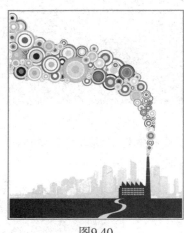

图9.40

9.5.5 多边形工具

"多边形工具"应用很广泛，因为使用此工具既能够绘制星形，也能绘制多边形，此工具的应用示例如图9.41所示。

在工具箱中选择"多边形工具"，可绘制不同边数的多边形，其工具选项栏及选项面板如图9.42所示。

图9.41

图9.42

在工具选项栏的"边"文本框中输入数值，以设置多边形或星形的边数，边数范围在3～100之间。图7.16所示的三角形和六边形都可以使用此工具绘制。

9.5.6 直线工具

直线是设计元素中很重要的一种，在各类设计作品中直线的应用非常频繁，如图9.43所示。

图9.43

在工具箱中选择"直线工具"可以绘制不同形状的直线，根据需要还可以为直线增加箭头，其工具选项栏及选项面板如图9.44所示。

图9.44

9.5.7 自定形状工具

与上述形状工具有确定的形状这一特点不同，"自定形状工具"是一种形状不确定的工具，使用此工具可以创建多种多样的形状。图9.45所示就是自定义形状的使用实例。

单击工具选项栏"形状"右侧的下三角按钮，在弹出的形状列表中可以选择许多形状来创建需要的效果，如图9.46所示。

如果觉得自定义的形状不足，则可以单击形状列表右上角的选项按钮，然后在弹出的菜单中选择"全部"选项，将Photoshop内置的全部自定义形状都追加显示在列表中，如图9.47所示。

图9.45

图9.46

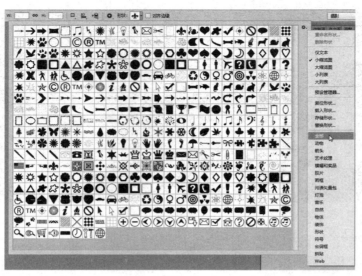

图9.47

▶ 9.5.8　形状图层

在使用矢量绘图工具绘制形状后，Photoshop将自动创建形状图层，并且以"形状n"的形式命名。形状图层的右下角有特殊的路径标记，如图9.48所示。

双击形状图层的缩览图可以修改图形的填充颜色，如图9.49所示。

图9.48

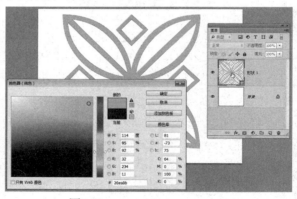

图9.49

▶ 9.5.9　将形状转换为选区

要想将形状转换为选区，有一个非常快捷的方法，那就是按住Ctrl键单击形状图层，如图9.50所示。

此外，形状本身就包含路径，要查看形状的路径，可以先单击选择形状图层，然后单击"路径"面板，即可看到由形状自动生成的路径，其名称和形状图层名称是对应的，如图9.51所示。

图9.50   图9.51

▶ 9.5.10   由路径得到形状

在图像中绘制路径并将其选中，执行菜单"编辑"→"定义自定形状"命令，即可弹出如图9.52所示的对话框，单击"确定"按钮，即可将该路径定义为形状。

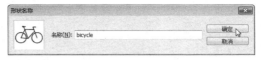

图9.52

需要使用该形状时只要选择"自定形状工具"，然后在其选项栏的"形状"下拉列表框中选择刚定义的形状，即可进行绘制，如图9.53所示。

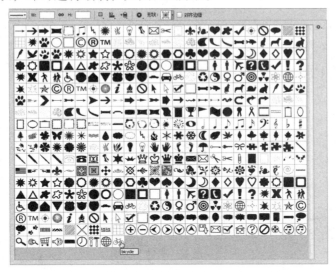

图9.53

9.6   思考与练习

1．填空题

（1）使用"钢笔工具"可以建立_____和_____两种类型的路径。

（2）用"椭圆工具"绘图时，按住_____键，可以绘制成正圆形。

（3）用"直接选择工具" ⬉ 单击一个锚点，然后拖动，移动的是_____；用"路径选择工具" ⬆ 单击一个锚点，然后拖曳，移动的是_____。

（4）路径转换为选区的快捷键是_____。

2．选择题

（1）按_____组合键，可以隐藏路径。

    A. Shift+H   B. Ctrl+G   C. Alt+H   D. Ctrl+Shift+H

（2）可以删除锚点的是_____工具。

    A. ⬤   B. ✍   C. ✚   D. ⬈

（3）选区转换为路径的容差范围是_____。

    A. 0.0 ~ 250.0像素   B.0.0 ~ 10.0像素   C.0.5 ~ 10.0像素   D.0.5 ~ 250.0像素

（4）以下_____按钮可以将选区转换为路径。

    A. ◯   B. ⬚   C. ⬭   D. ⬩

3．问答题

（1）路径是由什么组成的？有何特点？

（2）如何创建形状图层？如何由路径得到形状？

（3）路径的描边和路径的填充有何区别？

4．上机练习

（1）打开随书配套资源中的"素材\第9章\cartoon.jpg"图像，利用它作为背景图像，使用"钢笔工具"制作连体流线文字，效果如图9.54所示。

（2）结合使用多种绘图工具设计并制作如图9.55所示的标志。

图9.54

图9.55

第 10 章　应用滤镜

10.1　认识滤镜

　　Photoshop提供了多种多样的滤镜，这些滤镜无需耗费大量的时间和精力就可以快速制作出马赛克、云彩等各种效果。许多Photoshop用户将滤镜功能比喻为魔术师的魔术棒，经过滤镜处理后的图像立刻呈现出千变万化的效果，犹如经过魔术棒的点化。如果单纯将滤镜与图像特效划上等号就会忽视滤镜其他方面的特性，下面将通过几个方面帮助各位读者更加全面地认识滤镜。

▶ 10.1.1　滤镜概述

　　滤镜是PhotoShop中功能最丰富、效果最奇特的工具之一。它通过不同的方式改变像素数据，以达到对图像进行抽象、艺术化的特殊处理效果。

　　Photoshop自带的滤镜数目多达100多种，这些滤镜都放置在"滤镜"菜单中，每组滤镜有不同的功能，如图10.1所示。

　　使用滤镜可以在很短的时间内，制作出许多令人眼花缭乱、变换万千的特殊效果，而无须执行复杂的操作。

　　在滤镜的众多应用中，生成特殊的图像效果无疑是最引人注目的一个。使用同一个滤镜的不同参数，或者组合使用若干个不同的滤镜都能够产生千变万化的效果，甚至在使用滤镜时即使参数与滤镜种类相同但运用的顺序不同，也能够产生不同的效果，因此滤

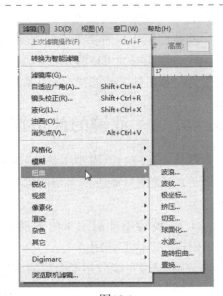

图10.1

镜使许多初学者为之着迷，并愿意花费大量时间研究它们的使用技巧。

值得注意的是，对于初学者而言，片面地重视滤镜会造成技术上的不均衡，最终导致养成在作品中堆砌滤镜效果的不良习惯，而完全不考虑这些滤镜在使用后对作品是否有质量方面的提高。

此外，Photoshop中的某一些滤镜并不具有产生图像特效的功能，它们的功能是纠正图像。例如，"锐化"滤镜组中的所有滤镜都用于使图像更加清晰，除此之外，"镜头模糊""消失点"等滤镜也都用于纠正图像在制作时产生的问题。

对于用于生成特殊效果的滤镜而言，参数的准确性并不显得那么重要，而对用于纠正图像的滤镜而言，不当的参数就可能产生矫枉过正的现象。在学习两类不同的滤镜时需要遵循不同的学习方向，并确立不同的学习重点。

10.1.2 滤镜的分类

Photoshop 滤镜大致可以分为两种类型：内置滤镜（自带滤镜）和外挂滤镜（第三方滤镜）。

（1）内置滤镜：是指默认安装Photoshop时，安装程序自动安装到plug-ins目录下的那些滤镜。

内置滤镜被广泛应用于纹理制作、图像处理、文字特效制作和图像特效制作等各个方面。在Photoshop的"滤镜"菜单中列出了这些滤镜，"镜头校正""液化"和"消失点"滤镜使用方法比较特殊，且每个滤镜都有专一的用途，因此常被称为特殊滤镜。用户可以根据需求选择适合的效果进行应用。

（2）外挂滤镜：是指除内置滤镜外，由第三方厂商为Photoshop 所生产的滤镜。此类滤镜需要用户单独购买、安装后才能使用。如果希望在Photoshop的"滤镜"菜单中列出这些滤镜，在安装时就要将其安装目录指定为"C:\Program Files\Adobe\Adobe Photoshop CS6\Plug-ins"目录（注意：此位置默认Photoshop CS6安装在C盘）。

外挂滤镜不仅种类齐全、品种繁多而且功能强大，同时版本与种类也在不断升级与更新。这些外挂滤镜可以为用户的图像处理工作带来更多的创意和便利，使得作品更加独特和吸引人。著名的外挂滤镜有KPT系列滤镜、Eye Candy系列滤镜、Photo Tools系列滤镜等。

10.1.3 滤镜的使用技巧

在使用滤镜时，需要注意以下一些技巧。

（1）滤镜只能应用于当前可视图层，且可以反复、连续应用，但一次只能应用在一个图层上。

（2）滤镜不能应用于位图模式、索引颜色和48位RGB模式的图像，另一些滤镜只对RGB模式的图像起作用。

（3）滤镜只能应用于图层的有色区域，对完全透明的区域没有效果。

（4）有些滤镜完全在内存中处理，所以内存的容量对滤镜的生成速度影响很大。

（5）有些滤镜很复杂，或者应用滤镜的图像尺寸很大，执行时需要很长时间，如果想结束正在生成的滤镜效果，只需按Esc键即可。

（6）上次使用的滤镜将出现在"滤镜"菜单的顶部，可以通过执行此命令或按Ctrl+F组合键，对图像再次应用上次的滤镜效果。

（7）如果在滤镜设置窗口中对调节的效果感觉不满意，希望恢复调节前的参数，可以按住Alt键，这时"取消"按钮会变为"复位"按钮，单击此按钮可以将参数重置为调节前的状态。

（8）Photoshop中的大部分滤镜都具有随机性的特点，每一次产生的效果都各不相同。滤镜的这种随机性特点确保了作品效果的多样性，使许多人能够更加深刻与全面地理解在使用滤镜时"尝试"对于创作的重要性。实际上，许多作品在创作过程中都会受益于多次尝试后得到的一个适合深度创作的基本雏形。

10.2　内置滤镜

内置滤镜是Photoshop默认安装的滤镜，它包括一些特殊滤镜和一些常用滤镜，本节将详细介绍。

▶ 10.2.1　风格化滤镜组

"风格化"滤镜主要通过移动、置换和查找图像的像素并提高图像的对比度，产生印象派及其他风格化效果。"风格化"滤镜的应用分类包括：查找边缘、等高线、风、浮雕效果、扩散、拼贴、曝光过度和凸出等，如图10.2所示。

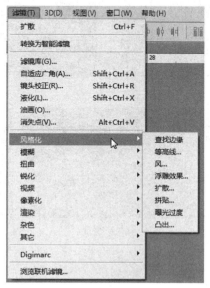

图10.2

"风格化"滤镜的应用效果如图10.3所示。

原图

查找边缘

等高线

风

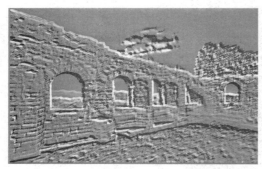

浮雕效果

扩散

拼贴

曝光过度

凸出

图10.3

▶ 10.2.2 "模糊"滤镜

"模糊"滤镜可通过对选区或图像进行柔和，淡化图像中不同色彩的边界，以掩盖图像的缺陷或创造出特殊效果。"模糊"滤镜分上、下两部分，上半部分是专门针对数码照片设计的模糊滤镜，包括"场景模糊""光圈模糊"和"倾斜偏移"；下半部分则是传统的Photoshop"模糊"滤镜，包括"表面模糊""动感模糊"等，如图10.4所示。

图10.5所示为一幅数码照片原图，从中可以看到其前景和背景都非常清晰，这是由于拍摄时使用了小光圈，画面景深大，所有区域都清晰可见。

使用"光圈模糊"滤镜可以创造大光圈效果，使景深变小，除人物主体外，其他区域都很模糊，从而突出拍摄主体，如图10.6所示。

图10.4

图10.5

图10.6

使用"高斯"滤镜可以精确控制图像的模糊程度，产生自然的柔化效果。另外，结合使用图层混合模式，还可以制作出照片的柔光镜效果。下面将通过一个实例介绍其操作方法。

01 打开随书配套资源中的文件"素材\第10章\Gblur.jpg"，如图10.7所示。

图10.7

02 按Ctrl+J组合键执行"通过拷贝的图层"操作以复制"背景"图层，得到"图层1"。执行"滤镜"→"模糊"→"高斯模糊"命令，在弹出的对话框中设置其数值为15，如图10.8所示。

Chapter 10

03 单击"确定"按钮退出对话框，得到如图10.9所示的效果。

图10.8 图10.9

04 设置"图层1"的混合模式为"滤色"，如图10.10所示。

图10.10

05 复制"图层1"得到"图层1副本"，并修改其混合模式为"柔光"，如图10.11所示。

06 最终图片效果如图10.12所示。

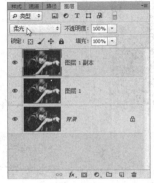 

图10.11 图10.12

此实例展示的几乎是当前流行的柔光照片的标准制作方法，但也可以在此操作步骤的基础进行创新，以得到更加令人满意的效果。

10.2.3 "扭曲"滤镜

使用"扭曲"类滤镜可以将图像进行几何变形，创建波纹、球面化、三维或其他变形效果。"扭曲"滤镜的应用选项包括：波浪、波纹、极坐标、挤压、切变、球面化、水波、旋转扭曲和置换，如图10.13所示。

"扭曲"滤镜的部分应用效果如图10.14所示。

图10.13

原图

波浪

波纹

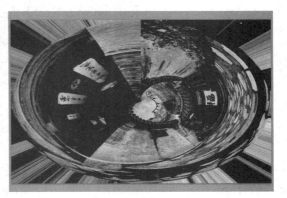

极坐标

图10.14

挤压

切变

球面化

水波

旋转扭曲

图10.14（续）

▶ 10.2.4 "锐化"滤镜

"锐化"类滤镜可以通过增加相邻像素的对比度使模糊图像变清晰。"锐化"应用选项包括：USM锐化、进一步锐化、锐化、锐化边缘和智能锐化，如图10.15所示。

"锐化"类滤镜中的智能锐化应用效果如图10.16所示。

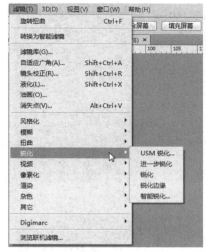
图10.15

原图　　　　　　　　　智能锐化

图10.16

▶ 10.2.5 "视频"滤镜

"视频"滤镜主要将色域限制为电视画面可重现的颜色范围。

"NTSC"滤镜一般用于制作VCD静止帧的图像，创建用于电视或视频中的图像。将图像的色彩范围限制为NTSC（国际电视标准委员会）制式，电视可以接收并表现的颜色。

"逐行"滤镜可去掉视频图像中的奇数或偶数行，以平滑在视频中捕捉的图像。该滤镜也用于视频中静止图像帧的制作。

▶ 10.2.6 "像素化"滤镜

大部分像素化滤镜通过以纯色代替图像中颜色值相近的像素的方法，将其转换成平面色块组成的图案。"像素化"滤镜的应用选项包括：彩块化、彩色半调、点状化、晶格化、马赛克、碎片和铜版雕刻。其中"彩块化"和"碎片"没有对应的参数设置对话框，如图10.17所示。

"像素化"滤镜的部分应用效果如图10.18所示。

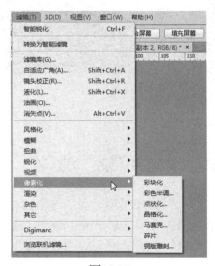
图10.17

图10.18

▶ 10.2.7 "渲染"滤镜

"渲染"滤镜组用于在图像中创建云彩、折射和模拟光线等效果。"渲染"类滤镜的应用选项包括：分层云彩、光照效果、镜头光晕、纤维和云彩，如图10.19所示。

"渲染"滤镜的部分应用效果如图10.20所示。

图10.19

原图

分层云彩

光照效果

镜头光晕

图10.20

▶ 10.2.8 "杂色"滤镜

使用"杂色"类滤镜可随机分布像素，可添加或去掉杂色。该类滤镜的应用选项包括：减少杂色、蒙尘与划痕、去斑、添加杂色和中间值，如图10.21所示。

图10.21

"杂色"滤镜的部分应用效果如图10.22所示。

原图　　　　　　　　　　　　　　蒙尘与划痕

添加杂色　　　　　　　　　　　　中间值

图10.22

10.2.9 "其他"滤镜

"其他"滤镜组主要用于修改图像的某些细节部分，还可以让用户创建自己的特殊效果滤镜。该组中的应用选项包括：高反差保留、位移、自定、最大值和最小值，如图10.23所示。

图10.23

"其他"滤镜组的部分应用效果如图10.24所示。

原图

高反差保留

位移

最大值

最小值

图10.24

10.2.10 "Digimarc"滤镜

"Digimarc"滤镜与前面的滤镜不同，它的功能并不是为图像添加特殊效果，而是将数字水印嵌入到图像中以储存著作权信息，或是读取已嵌入的著作权信息。该滤镜子菜单中包括"读取水印"和"嵌入水印"两个命令。

 要在图像中嵌入水印，首先必须浏览Digimarc公司的官方网站并得到一个Creator ID，然后将这个ID和著作权一同插入到图像中，完成数字水印的嵌入。

10.3 滤镜库

"滤镜库"是将常用滤镜组合在一个对话框中，以折叠菜单的方式显示，并为滤镜提供了直观的效果预览，还可以在该对话框里为图像连续使用多个滤镜。在滤镜库中有一些未显示在"滤镜"菜单中的滤镜。例如"画笔描边""素描""纹理""艺术效果"等。

10.3.1 "滤镜库"的应用方式

打开一幅图像，然后执行菜单"滤镜"→"滤镜库"命令，即可打开"滤镜库"对话框，如图10.25所示。

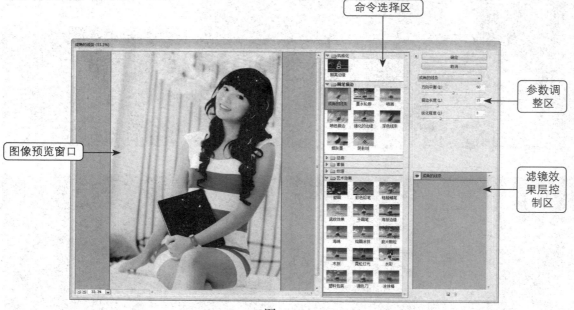

图10.25

从上图可以看出，"滤镜库"对话框共分为4个部分，即"图像预览窗口""命令选择区""参数调整区""滤镜效果层控制区"。

● "图像预览窗口"用于预览由当前滤镜处理得到的效果，在左侧底部单击加号或减号按钮，可放大和缩小图像的显示比例。

- "命令选择区"用于选择处理图像的滤镜。在显示的滤镜列表中单击 ▷ 按钮可以展开相应的滤镜组，浏览该滤镜组中的各个滤镜，从中选择要应用的滤镜。
- "参数调整区"用于设置所选择滤镜的参数；右侧的底部为"滤镜效果层控制区"。
- 在"滤镜效果层控制区"可以进行如下所列的操作。

单击"眼睛" 👁 按钮，可隐藏或显示图像当前滤镜效果，方便对比图像的原始效果；单击"新建效果图层"按钮 ⬜，可以在新建效果层中添加其他滤镜效果；单击"删除效果图层"按钮 🗑，可删除当前效果层中的滤镜效果。

滤镜库的最大特点在于提出了一个滤镜效果图层的概念，即在"滤镜库"对话框中可以对当前操作的图像应用多个滤镜命令，每个滤镜命令可以被认为是一个滤镜效果图层。

与操作普通图层相同，可以在"滤镜库"对话框中新建、删除或隐藏这些效果图层，从而将这些滤镜命令得到的效果叠加起来，得到更加丰富的效果；还可以通过修改滤镜效果图层的顺序修改应用这些滤镜所得到的效果。

10.3.2 "画笔描边"滤镜

"画笔描边"类滤镜通过模拟不同的画笔和油墨描边，创造出绘画效果的图像，如图10.26所示。

成角的线条　　墨水轮廓

原图　　喷溅　　喷色描边

图10.26

强化的边缘　　　　　　　　　　　　　　深色线条

烟灰墨　　　　　　　　　　　　　　　　阴影线

图10.26（续）

▶ 10.3.3 "素描" 滤镜

"素描" 类滤镜通过为图像增加纹理或使用其他方式重绘图像，最终获得手绘图像的效果。这是一个丰富而适用的滤镜组。使用该滤镜组时应注意，许多滤镜在重绘图像时使用了前景色和背景色，如图10.27所示。

原图

半调图案

粉笔和炭笔

绘图笔

基底凸现

便条纸

图10.27

石膏效果   水彩画纸   撕边

炭笔   炭精笔   图章

网状   影印

图10.27（续）

▶ 10.3.4 "纹理"滤镜

使用"纹理"滤镜组为图像添加各种纹理效果，形成深度感和材质感，如图10.28所示。

原图

龟裂缝

颗粒

马赛克拼贴

拼缀图

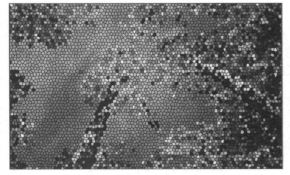
染色玻璃

纹理化

图10.28

▶ 10.3.5 "艺术效果"滤镜

"艺术效果"类滤镜用于制作各种绘画效果或特殊风格的图像，如图10.29所示。

原图

壁画

彩色铅笔

粗糙蜡笔

底纹效果

干画笔

海报边缘

海绵

图10.29

绘画涂抹

胶片颗粒

木刻

霓虹灯光

水彩

塑料包装

调色刀

涂抹棒

图10.29（续）

- "移动网格工具" ：使用该工具可以拖动"图像编辑区"中的网格，使其与图像对齐。
- "抓手工具" ：使用该工具在图像中拖动可以查看未完全显示出来的图像。
- "缩放工具" ：使用该工具在图像中单击可以放大图像的显示比例，按住Alt键在图像中单击即可缩小图像显示比例。

2．图像编辑区

该区域用于显示被编辑的图像，还可以即时预览编辑图像后的效果。单击该区域左下角的减号按钮可以缩小显示比例，单击加号按钮可以放大显示比例。

3．原始参数区

此处显示了当前照片的相机及镜头等基本参数。

4、显示控制区

在该区域可以对"图像编辑区"中的显示情况进行控制。下面分别对其中的参数进行介绍。

- 预览：选中该复选框后，将在"图像编辑区"中即时观看调整图像后的效果，否则将一直显示原图像的效果。
- 显示网格：选中该复选框则在"图像编辑区"中显示网格，以精确地对图像进行调整。
- 大小：在此输入数值可以控制"图像编辑区"中显示的网格大小。
- 颜色：单击该色块，在弹出的"拾色器"对话框中选择一种颜色，即可重新定义网格的颜色。

5．参数设置区——自动校正

选择"自动校正"选项卡，可以使用此命令内置的相机、镜头等数据做智能校正。下面分别对其中的参数进行介绍。

- 几何扭曲：选中此复选框后，可依据所选的相机及镜头自动校正桶形或枕形畸变。
- 色差：选中此复选框后，可依据所选的相机及镜头自动校正可能产生的紫、青、蓝等不同的颜色杂边。
- 晕影：选中此复选框后，可依据所选的相机及镜头自动校正在照片周围产生的暗角。
- 自动缩放图像：选中此复选框后，在校正畸变时，将自动对图像进行裁剪，以避免边缘出现镂空或杂点等。
- 边缘：当图像由于旋转或凹陷等原因出现位置偏差时，在此可以选择这些偏差的位置如何显示，其中包括"边缘扩展""透明度""黑色""白色"4个选项。
- 相机制造商：此处列举了一些常见的相机生产商供选择，如Nikon（尼康）、Canon（佳能）以及SONY（索尼）等。
- 相机/镜头型号：此处列举了很多主流相机及镜头供选择。
- 镜头配置文件：此处列出了符合上面所选相机及镜头型号的配置文件供选择，选择完成以后，就可以根据相机及镜头的特性自动进行几何扭曲、色差及晕影等方面的校正。

6. 参数设置区——自定校正

选择"自定"选项卡，此区域提供了大量用于调整图像的参数，可以手动进行调整，如图10.31所示。

图10.31

下面分别对其中的参数进行介绍。

- 设置：在该下拉列表中可以选择预设的镜头校正调整参数。单击该项后面的管理设置按钮，在弹出的菜单中可以执行存储、载入和删除预设等操作。

 只有自定义的预设才可以被删除。

- 移去扭曲：在此输入数值或拖动滑块，可以校正图像的凸起或凹陷状态，其功能与"扭曲工具"相同，但更容易进行精确控制。
- 修复红/青边：在此输入数值或拖动滑块，可以去除照片中的红色或青色色痕。
- 修复绿/洋红边：在此输入数值或拖动滑块，可以去除照片中的绿色或洋红色痕。
- 修复蓝/黄边：在此输入数值或拖动滑块，可以去除照片中的蓝色或黄色色痕。
- 数量：在此输入数值或拖动滑块，可以减暗或提亮照片边缘的晕影，使之恢复正常。
- 中点：在此输入数值或拖动滑块，可以控制晕影中心的大小。
- 垂直透视：在此输入数值或拖动滑块，可以校正图像的垂直透视。
- 水平透视：在此输入数值或拖动滑块，可以校正图像的水平透视。
- 角度：在此输入数值或拖动表盘中的指针，可以校正图像的旋转角度，其功能与"角度工具"相同，但更容易进行精确控制。
- 比例：在此输入数值或拖动滑块，可以对图像进行缩小和放大。

当对图像进行晕影参数设置时，最好调整参数后单击"确定"按钮退出对话框，然后再次执行该命令，对图像大小进行调整，以免出现晕影校正的偏差。

▶ 10.3.6 "液化"滤镜

执行"液化"命令可以通过交互方式推、拉、旋转、反射、折叠和膨胀图像的任意区域，使图像变换成所需要的艺术效果。

执行"滤镜"→"液化"命令，即可打开如图10.32所示的对话框。

图10.32

下面将按照上图所示的标示，详细介绍各区域中参数的含义。

1. 工具箱

- "向前变形工具" 🖉：在图像上拖动，可以使图像的像素随着涂抹产生变形。
- "重建工具" 🖌：扭曲预览图像之后，使用重建工具可以完全或部分恢复更改。
- "顺时针旋转扭曲工具" ●：使图像产生顺时针旋转效果。
- "褶皱工具" 🞢：使图像向操作中心点处收缩从而产生挤压效果。
- "膨胀工具" ◆：使图像背离操作中心点从而产生膨胀效果。
- "左推工具" 🞢：移动与描边方向垂直的像素。直接拖移使像素向左移，按住Alt键拖移将使像素向右移。
- "冻结蒙版工具" 🖉：用此工具拖过的范围被保护，以免被进一步编辑。
- "解冻蒙版工具" 🖉：解除使用冻结工具所冻结的区域，使其还原为可编辑状态。

- "抓手工具" 🖐：通过拖动可以显示出未在预视窗口中显示出来的图像。
- "缩放工具" 🔍：在预览图像中单击或拖移，可以放大预览图；按住Alt键在预览图像中单击或拖移，将缩小预览图。

2. "工具选项"选项组

工具选项区中重要参数的介绍如下所述。

- 画笔大小：设置使用上述各工具操作时，图像受影响区域的大小。
- 画笔压力：设置使用上述各工具操作时，一次操作影响图像的程度大小。
- 画笔压力：此处可以设置在绘图板中涂抹时的压力读数。
- 画笔速率：更改画笔应用的速率。

3. "重建选项"选项组

重建选项区中重要参数的介绍如下所述。

- 重建：将所有未冻结区域改回它们在打开"液化"对话框时的状态，重建整个图像。
- 恢复：将整个预览图像改回打开对话框时的状态，删除所有扭曲修改。

4. "蒙版选项"选项组

蒙版选项区中重要参数的介绍如下所述。

- 蒙版运算：在此列出了5种蒙版运算模式，其中包括"替换选区" 🔲、"添加到选区" 🔲、"从选区中减去" 🔲、"与选区交叉" 🔲和"反相选区" 🔲。
- 无：单击该按钮可以取消当前所有的冻结状态。
- 全部蒙住：单击该按钮可以将当前图像全部冻结。
- 全部反相：单击该按钮可以冻结与当前所选相反的区域。

5. "视图选项"选项组

- 显示图像：选中此复选框，在对话框预览窗口中显示当前操作的图像。
- 显示网格：选中此复选框，在对话框预览窗口中显示辅助操作的网格。
- 网格大小：在此定义网格的大小。
- 网格颜色：在此定义网格的颜色。
- 蒙版颜色：选择"显示蒙版"选项后，可以在此定义图像冻结区域显示的颜色。
- 显示背景：在此定义背景的显示方式。
- 不透明度：在此定义背景的不透明度显示。

提示 在使用"液化"滤镜对图像进行变形时，可以通过执行对话框右上角的"存储网格"命令将当前对图像的修改存储为一个文件，需要时可执行"载入网格"命令将其重新载入，以便于进行再次编辑。存储网格后，必须保证当前图像的尺寸不变，否则再将其载入网格后，将无法按照原来的位置进行图像液化处理。"液化"命令只适用于RGB颜色模式、CMYK颜色模式、Lab颜色模式和灰度模式的8位图像。

▶ 10.3.7 "消失点"滤镜

"消失点工具"用于制作由远至近的具有透视效果的图像,可以在保持图像透视角度不变的情况下,对图像进行复制、修复、变换等操作。

执行"滤镜"→"消失点"命令,即可在弹出的"消失点"对话框中进行参数设置,如图10.33所示。

图10.33

下面分别介绍对话框中各个区域及各工具的功能。

- 工具区:该区域中包含用于选择和编辑图像的工具。
- 工具选项区:该区域用于显示所选工具的参数。
- 工具提示区:在该区域中简单地显示对该工具的提示信息。
- 图像编辑区:在此可对图像进行复制、修复等操作,同时可以即时预览调整后的效果。

工具区中的工具包括以下几种。

- "编辑平面工具" ▶:使用该工具可以选择和移动透视网格。
- "创建平面工具" ▦:使用该工具可以绘制透视网格来确定图像的透视角度。在工具选项区的"网格大小"文本框中可以设置每个网格的大小。

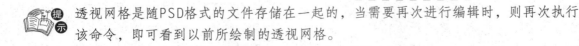

透视网格是随PSD格式的文件存储在一起的,当需要再次进行编辑时,则再次执行该命令,即可看到以前所绘制的透视网格。

选框工具 ▭:使用该工具可以在透视网格内进行选取,以选中要复制的图像,而且得到的选区与透视网格的透视角度是相同的。选择此工具时,在工具选项栏的"羽化"和"不透明度"文本框中输入数值,可以设置选区的羽化和透明属性。在"修复"下拉列表中选择"关"选项,可以直接复制图像;选择"明亮度"选项将按照目标位置的亮度对图像进行调整;选择"开"选项则根据目标位置的状态自动对图像进行调整。在"移动模式"下拉列表中选择"目标"选项,则会将选区中的图像复制到目标位置;选择"源"选项则将目标位置的图像复制到当前选区中。但要注意,当没有任何网格时则无法进行选取,如图10.34所示。

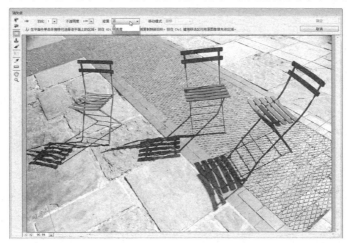

图10.34

- 图章工具 ▲:按住Alt键,使用该工具可以在透视网格内定义一个源图像,然后在需要的地方进行涂抹,即可将源图像复制到指定位置。在其工具选项栏中可以设置仿制图像时的"画笔直径""硬度""不透明度""修复"等参数。
- 画笔工具 ✐:使用该工具可以在透视网格内进行绘制。在其工具选项栏中可以设置画笔的"直径""硬度""不透明度""修复"等参数。单击"画笔颜色"右侧的色块,在弹出的"拾色器"对话框中还可以设置画笔的颜色。
- 变换工具 ↔:由于复制图像时图像的大小自动变化,当对图像大小不满意时,即可使用此工具对图像进行放大或缩小操作。选择其工具选项栏中的"水平翻转"或"垂直翻转"选项后,可以得到水平或垂直方向上的翻转图像。
- 吸管工具 ✐:使用该工具可以在图像中单击,以吸取画笔绘图时需要的颜色。
- 测量工具 ▭:使用此工具可以测量从一点到另外一点的距离,以及相对于透视关系来说,当前测量直线的角度。
- 抓手工具 ✋:使用该工具在图像中拖动可以查看未完全显示出来的图像。
- 缩放工具 🔍:使用该工具直接在图像中单击可以放大图像的显示比例,按住Alt键在图像中单击即可缩小图像显示比例。

在工具区右侧顶端还有一个选项菜单按钮,单击它可以打开一个菜单,如图10.35所示。

该弹出菜单中各主要命令的功能介绍如下所述。

- 显示边缘:选中此命令时,将显示出透视网格的边缘线。
- 显示测量:选中此命令时,将显示使用"测量工具"在图像中生成的测量线及测量结果。

- 导出到DXF：选择此命令或按Ctrl+E组合键，在弹出的对话框中选择文件保存的路径及名称，可以将当前内容导出成为DXF格式的文件。
- 导出到3DS：选择此命令或按Ctrl+Shift+E组合键，在弹出的对话框中可以将当前文件导出成为3DS格式的文件，以供在3ds Max中使用。
- 导出为After Effects所用格式（.vpe）：使用此命令可以将当前文件导出成为专供After Effect软件使用的格式。

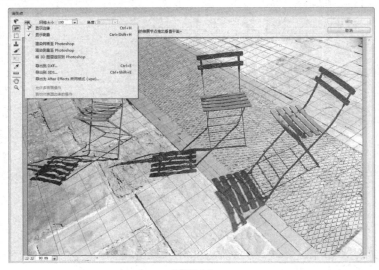

图10.35

下面通过一个具体实例来介绍该命令的使用方法。

01 打开随书配套资源中的"素材 \ 第10章 \ chair.jpg"，在本例中，将依据地面上的砖格将中间的椅子图像修除。

02 按Ctrl+Alt+V组合键或执行"滤镜" → "消失点"命令，弹出"消失点"对话框。使用"创建平面工具"沿中间的路面绘制一个透视网格，如图10.36所示。

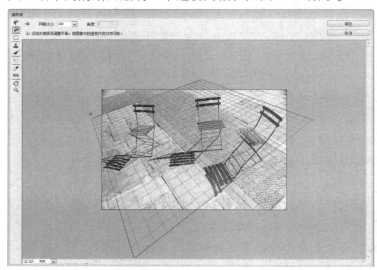

图10.36

📖 提示 由于中间的椅子涉及不同砖格的地面图像，所以需要将透视网格绘制得大一些，一方面是为了便于分别对各个部分进行修复，另外也是为了便于更精确地绘制整体的透视网格。通过左下角的显示比例弹出菜单可以调整图像的显示比例。

---

⑬ 首先来修复一下中间深色砖格中的椅子图像。使用"矩形选框工具"在上一步绘制的透视网格中间绘制以创建选区，如图10.37所示。

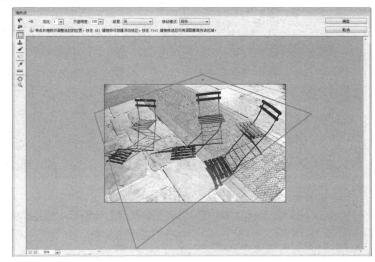

图10.37

⑭ 按住Alt键将选区中的图像拖至图像中间的椅子上，发现椅子被部分覆盖，如图10.38所示。

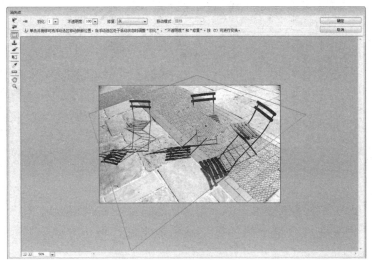

图10.38

📖 提示 在拖动图像的过程中可以感觉到图像的透视角度和大小都在发生变化，可以反复操作几次进行验证。

---

05 按照上一步的方法连续复制，直至深色砖块全部修复完成。下面需要处理红色砖块，仍然是使用选框工具选择一部分红色砖块作为复制的样本，如图10.39所示。

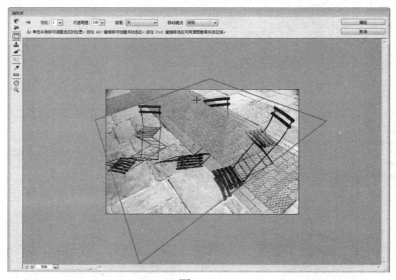

图10.39

06 按住Alt键，将选区拖动到黑色的椅背上，清除黑色的椅背，如图10.40所示。

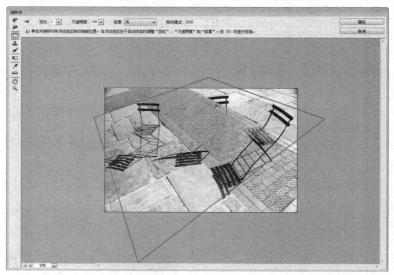

图10.40

07 使用相同的方法继续清除椅子的阴影等区域，如图10.41所示。

08 在将椅子相关区域全部清除并得到满意效果后，单击"确定"按钮退出对话框即可，如图10.42所示。

> 按住Alt键时，原"取消"按钮会变为"复位"按钮，单击该按钮可将对话框中的参数复位到本次打开对话框时的状态；按住Ctrl键时，原"取消"按钮会变为"默认值"按钮，单击该按钮可将对话框中的参数恢复为默认数值。

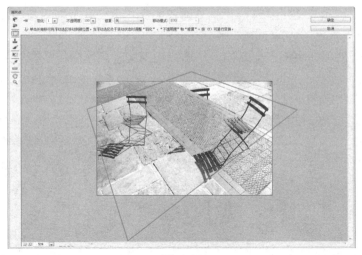

图10.41

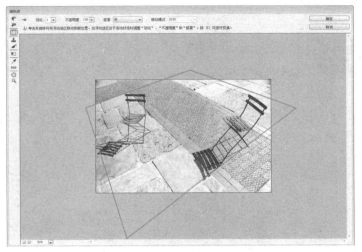

图10.42

10.4 智能滤镜

　　用过智能对象的用户都知道，若要对智能对象中的内容应用滤镜，必须将其栅格化，但如果需要改变智能对象中的内容，还需要重新执行"栅格化"命令及滤镜命令，这样操作无疑是非常麻烦的。自Photoshop CS3以来，就专门针对该问题提供了解决方案，即增加了"智能滤镜"功能。

　　另外值得一提的是，智能滤镜本身并非是一个滤镜功能，它只是一个应用滤镜时的辅助功能。下面介绍智能滤镜的使用方法。

10.4.1 添加智能滤镜

　　要添加智能滤镜，可以选中要使用智能滤镜的智能对象图层，然后在"滤镜"菜单中执行一个要使用的滤镜命令即可。每执行一个滤镜命令，就会在智能对象图层下面创建一个对应的智能滤镜。

可以通过一个简单的实例来介绍如何添加智能滤镜，具体操作步骤如下所述。

01 在Photoshop中打开随书配套资源"素材 \ 第10章 \ smartfilter.psd"文件。在该文件中包含一个背景图层和一个智能对象图层，如图10.43所示。

图10.43

02 选择智能对象图层，然后执行"滤镜"→"滤镜库"命令，在打开的"滤镜库"对话框中，选择"素描"分类中的"绘图笔"，最后单击"确定"按钮，如图10.44所示。

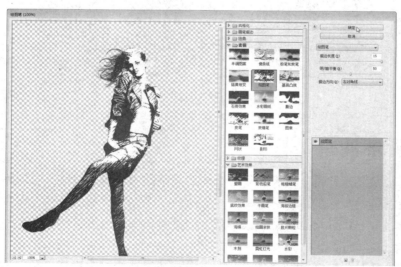

图10.44

03 此时可以看到，在原智能对象图层的下方增加了"智能滤镜"，如图10.45所示。

一个智能滤镜对象主要是由智能蒙版以及智能滤镜列表构成，其中智能蒙版主要用于隐藏智能滤镜对图像的处理效果，智能滤镜列表则显示了当前智能滤镜图层中所应用的滤镜名称。

图10.45

10.4.2 编辑滤镜蒙版

智能蒙版与图层蒙版的工作原理是完全相同的，其目的就是为了根据需要来显示或隐藏部分智能滤镜所产生的图像效果。

图10.46所示为在智能蒙版中绘制黑白渐变后得到的图像效果，以及对应的"图层"面板，从中可以看出，左上方的黑色导致了该智能滤镜的效果完全隐藏，并一直过渡到对应的白色区域。

图10.46

如果要删除智能蒙版，可以直接在蒙版缩览图或"智能滤镜"的名称上单击鼠标右键，在弹出的菜单中执行"删除滤镜蒙版"命令，或者执行"图层"→"智能滤镜"→"删除滤镜蒙版"命令，如图10.47所示。

在删除蒙版后，如果要重新添加蒙版，必须在"智能滤镜"的名称上单击鼠标右键，在弹出的快捷菜单中执行"添加滤镜蒙版"命令，或执行"图层"→"智能滤镜"→"添加滤镜蒙版"命令，如图10.48所示。

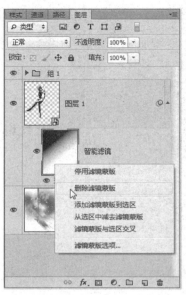

图10.47

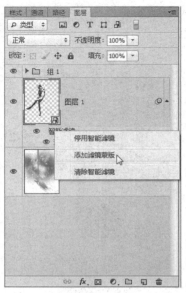

图10.48

▶ 10.4.3　编辑智能滤镜

　　智能滤镜记录了该滤镜的参数信息，可以根据需要随时对其进行修改和设置。其操作方法是直接用鼠标双击要修改参数的滤镜名称，在弹出的对话框中重新设置参数即可。

▶ 10.4.4　启用/停用智能滤镜

　　如果要停用所有的智能滤镜，可以单击智能蒙版前面的眼睛图标，将其变为"隐藏"状态，或在所属的智能对象图层最右侧的图标上单击鼠标右键，在弹出的快捷菜单中执行"停用智能滤镜"命令，即可隐藏所有智能滤镜生成的图像效果。

　　如果要停用单个智能滤镜，可以直接单击滤镜名称前面的眼睛图标，将其变为"隐藏"状态，或在该滤镜的名称上单击鼠标右键，在弹出的快捷菜单中执行"停用智能滤镜"命令，如图10.49所示。

　　与停用智能滤镜操作相对应的是启用智能滤镜。若要启用所有智能滤镜，可以单击智能蒙版前面的空白方框，使眼睛图标显示出来。

　　如果要启用单个智能滤镜，可以在其滤镜名称前用鼠标单击，使原本空白的区域显示出眼睛图标，或在该滤镜的名称上单击鼠标右键，在弹出的快捷菜单中执行"启用智能滤镜"命令即可。

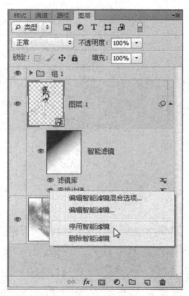

图10.49

10.5 思考与练习

1．填空题

（1）要对图像再次应用上次使用过的滤镜效果，可以按快捷键_____。

（2）要将图像进行几何变形，创建波纹、球面化或其他变形效果，可以使用_____滤镜。

（3）对文本图层执行滤镜时，会提示先转换为_____图层之后，才可执行滤镜。

2．问答题

（1）滤镜有什么功能？可以分为哪几种类型？

（2）智能滤镜是什么？有什么作用？

3．上机练习

打开随书配套资源"素材\第10章\linda.psd"文件，综合运用滤镜和图层功能，将图层13转换为智能对象并添加智能滤镜，最终效果如图10.51所示。

图10.51对对

参考文献

[1] 龙马工作室. Photoshop CS6实战从入门到精通. 北京: 人民邮电出版社, 2014.

[2] 科讯教育.Photoshop CS6中文版图像处理实战从入门到精通. 北京: 人民邮电出版社, 2014.

[3]张立富. 中文版Photoshop CS6数码照片处理高手速成. 北京: 电子工业出版社, 2013.

[4]刘进，李少勇. 48小时精通PhotoshopCS6. 北京: 电子工业出版社, 2013.

[5]柏松.中文版Photoshop CS6 从零开始完全精通. 上海: 上海科学普及出版社, 2015.

[6]李金明，李金蓉.Photoshop CS6完全使用手册（中文版）. 北京: 人民邮电出版社, 2014.

[7]时代印象.中文版Photoshop CS6实用教程 第2版. 北京: 人民邮电出版社, 2021.

[8]孟刚，罗晓琳.Photoshop CS6学习系列：完全学习教程+全能一本通. 北京: 中国青年出版社, 2020.